高压下典型层状材料的研究

董恩来　著

本书数字资源

北　京
冶 金 工 业 出 版 社
2023

内 容 提 要

本书以层状拓扑材料和铁磁性材料为例，研究层状拓扑材料和铁磁性材料在高压下的结构和性质及其转变。书中内容包括拓扑节线半金属 ZrSiSe、ZrSiTe 和铁磁性材料 $Cr_2Ge_2Te_6$ 的表征，以及其在极端高压和温度下的结构和电输运性质的演化规律的研究，并阐明了其变化的机理，进一步拓展了层状材料的高压研究领域。

本书涉及 X 射线衍射测试、拉曼光谱分析测试、红外光谱分析测试、电输运测试和高压科学技术，可供侧重层状材料的结构以及电输运研究领域和高压科学领域的学者或者研究生参考学习。

图书在版编目(CIP)数据

高压下典型层状材料的研究/董恩来著．—北京：冶金工业出版社，2023.12

ISBN 978-7-5024-9704-0

Ⅰ.①高…　Ⅱ.①董…　Ⅲ.①无机非金属材料—高压相变—研究　Ⅳ.①TB321

中国国家版本馆 CIP 数据核字(2023)第 253833 号

高压下典型层状材料的研究

出版发行　冶金工业出版社　　**电　　话**　(010)64027926
地　　址　北京市东城区嵩祝院北巷 39 号　　**邮　　编**　100009
网　　址　www.mip1953.com　　**电子信箱**　service@mip1953.com

责任编辑　于昕蕾　美术编辑　彭子赫　版式设计　郑小利
责任校对　范天娇　责任印制　窦　唯
三河市双峰印刷装订有限公司印刷
2023 年 12 月第 1 版，2023 年 12 月第 1 次印刷
710mm×1000mm　1/16；6 印张；115 千字；85 页
定价 58.00 元

投稿电话　(010)64027932　投稿信箱　tougao@cnmip.com.cn
营销中心电话　(010)64044283
冶金工业出版社天猫旗舰店　yjgycbs.tmall.com
(本书如有印装质量问题，本社营销中心负责退换)

前　言

固体材料的结构是研究材料的宏观性质和开发其潜在应用的基础，在不改变其组成成分的情况下，可以通过掺杂或者改变其外部条件（压强、温度等）方法影响其微观原子的排列，得到新奇的宏观的性质，使其在多个领域中具有广阔的应用前景。

压强作为一种极端的物理条件，能够有效地调控层间相互作用，甚至是成键方式，从而改变材料的能带结构和晶体结构，使材料表现出异于常压的物理、化学性质。当压强达到一定数值时，材料会产生一系列有趣的性质变化，例如压强诱导金属化、超导电性以及拓扑结构变化等现象。研究物质在高压下的结构和性质的变化规律的学科称为高压科学，高压科学对研究及理解物质结构性质变化的机理具有重要的意义。近年来，高压科学在基础物理、地质学、新能源及国防等领域取得了令人瞩目的成就。

层状材料，例如石墨烯、MoS_2、氮化硼等，具有独特的电学、光学、力学、热学等性质，在多个领域具有潜在的应用前景。通常情况下，层状材料的层内原子依靠较强的化学键紧密且结构有序地键合，层间依靠较弱的范德瓦尔斯力结合，具有较强的各向异性，展示出与块体材料完全不同的物理性质。通过改变层状材料的原子结构，进一步获得丰富的物理性质，具有广阔的应用前景。因此，层状材料的高压研究是凝聚态物理领域的前沿热点课题。

层状拓扑半金属和层状铁磁性材料是两类具有代表性的层状材料。拓扑半金属由于其独特的性质受到科研界的极大关注，表现出各种奇特的物性，例如，独特的朗道能级、长程库仑相互作用和奇异的鼓面表面状态等。通过外部压强调节拓扑节线半金属的自旋耦合强度、晶体对称性以及能带交叉点的位置，可以诱导拓扑相变和电子拓扑相变，进而获得许多新奇的物性。铁磁性材料是一种重要的量子凝聚态物质，其有序参数包括电极化、自旋极化和应变。铁磁性材料属于强磁性材料，具有很多优异的特性，例如，磁化强度高、磁滞损耗小、磁导率高等优点。本书以这两种材料为研究对象，探索其在高压下的结构与物性的变化规律，将进一步深化对层状材料的认识，有望拓展层状拓扑节线半金属和铁磁性材料的应用前景。本书聚焦于层状材料在高压下的结构和性质转变，利用多种高压测试手段，结合第一性原理计算，系统地研究它们在高压下的结构和电输运性质，探索了其结构与物性的联系。

拓扑节线半金属 ZrSiSe、ZrSiTe 拥有几乎理想的节线能带结构，属于层状拓扑半金属家族 ZrSiX。它们拥有金刚石棒状的费米表面态，其线性分散能量范围宽度高达约 2 eV，是已知拓扑节线半金属中最宽的。在压强的作用下，层间相互作用发挥了重要的作用，可以调节能带结构中的能带交叉点的位置，进而导致等结构相变和结构相变。这些结果进一步深化了对拓扑节线半金属高压行为的认知。

层状铁磁性材料 $Cr_2Ge_2Te_6$ 在压强的作用下，由于层间相互作用的增强经历了从层状到非层状结构的等结构相变。红外反射和电输运研究显示在类似的压强点发生了半导体到金属的转变，揭示了等结构相变的发生伴随着金属化的现象。随着压强的进一步增加，晶格畸变导致转变为非晶相。这为了解层状铁磁材料的高压结构与物性提供了实验依据。

由于著者水平所限，书中难免有不妥之处，恳请读者批评指正。

著　者

2023 年 6 月

目　　录

1 绪　　论

凝聚态物理主要用于研究不同粒子组成的材料的微观结构和动力学过程以及物理性质之间相互联系的一门科学。目前，凝聚态物理已经发展为物理学中最重要的分支学科之一。它的研究对象不仅包括晶体、非晶体和准晶体等固体，也包括液体、稠密气体等其他的凝聚相物质。同时，凝聚态物理与地球物理、化学和材料科学等科学领域关系紧密，也在磁学、超导体等前沿热点科学技术领域取得了重要的成就。迄今为止，凝聚态物理与其他学科形成的新兴的交叉科学对新材料和新的工艺技术的发展提供了重要的支持，极大地推动了当代社会的发展。

1.1　层状材料的简介

近年来，层状材料由于其独特的结构和性质成为令人瞩目的凝聚态物理学中的前沿科学领域。层状材料是原子或分子构成的二维或者准二维层沿某一方向上堆垛形成的材料，层内原子依靠较强的化学键紧密且结构有序地键合，层间依靠较弱的范德瓦尔斯力结合。因此，层状材料具有较强的各向异性，并展现出与块体材料不同的丰富的物理性质。基于这种堆垛结构，对于实现材料的维度上减薄相对容易一些。2004 年 Geim 等人首次通过机械剥离得到单原子层厚度的石墨烯，其独特的晶体结构和电子能带结构使其具有优异的物理性质以及电学性质，如优秀的机械强度、狄拉克费米子、量子自旋霍尔效应、高迁移率等。因此，单层石墨烯的实现是里程碑式的科学发现之一，并进一步推动了二维层状材料领域的发展。随着多年来的研究发展，层状材料由于其独特的结构和性质在多个新兴的应用领域中发挥了重要的应用。如电子被局限在二维平面内，层状材料展示出多种电子特性，涵盖了绝缘体、半导体、导体及超导体，为电子和光电器件提供了完美的研究平台。量子霍尔效应和量子反常霍尔效应开创了拓扑量子材料的研究，并对未来发展量子计算等高科技领域具有指导意义。空间反演对称性破缺和时间反演对称性破缺为铁电和磁性材料提供了研究基础，可以应用于数据存储等领域。层状的堆垛结构可以通过应变、缺陷、元素掺杂等方法调节其结构和性质，也可以与其他材料形成异质结，为新功能器件提供研究条件。

1.2 拓扑量子材料的介绍

1.2.1 量子霍尔效应

近年来，随着量子霍尔效应的发现，一类基于量子拓扑态的拓扑材料引起了广泛的关注和研究热潮。拓扑量子材料的起源可以回溯自量子霍尔效应的发现。1980 年，Von Kittzing 等人通过研究硅基材料在低温强磁场中二维电子气系统呈现的输运性质的变化进而发现了整数量子霍尔效应。如图 1-1 所示，朗道对称性破缺理论认为物态的改变会导致相应的对称性的破缺，即每种物性都有与之相对

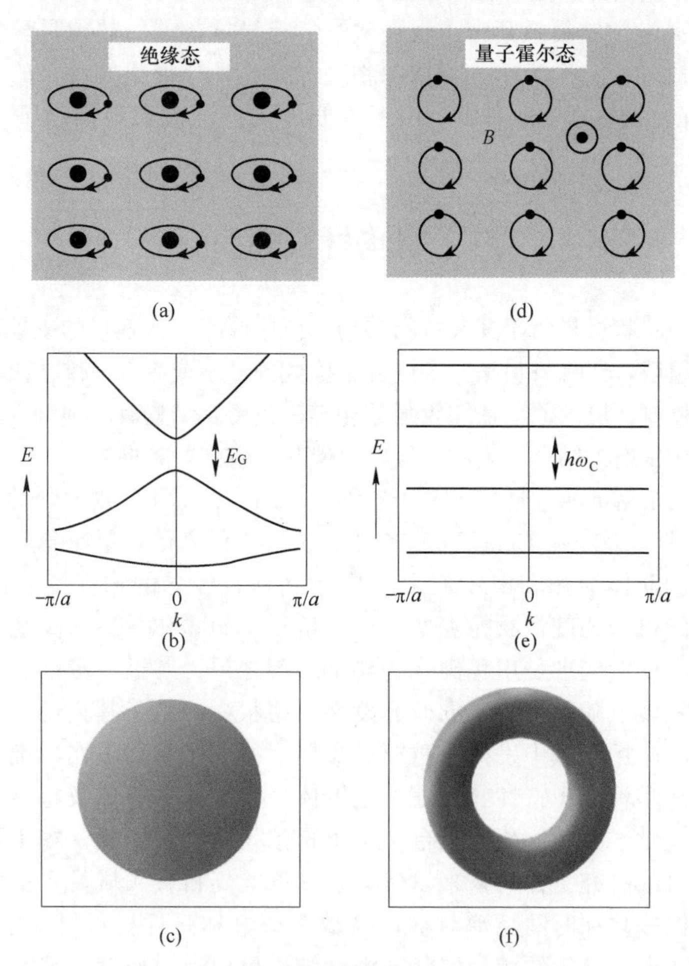

图 1-1　绝缘体和量子霍尔绝缘体的区别

（a）和（b）普通绝缘体与其能带示意图；（c）和（d）整数量子霍尔效应与朗道示意图；（e）和（f）不同孔洞数作为拓扑不变量来描述的三维物体

应的对称性破缺。然而，在量子霍尔效应中无法用传统理论进行解释，因为不同的物性可能具有同一种对称性，量子拓扑态的特性表现在其边界会出现无能隙且连接价带与导带的拓扑边界态，它几乎完全取决于材料的拓扑性质，且受对称性的保护，因此，与普通材料的边界态不同，不会轻易地被缺陷和无序所破坏。

1982 年，Thouless、Kohmoto、Nightingale 和 Den Nijs 对于量子霍尔效应根据填充因子而提出通过拓扑不变量来描述和解释霍尔电导量子化。与此同时，人们将拓扑这一概念引入物理学中，用来研究材料经过连续变化，在此过程中保持不变的量，即拓扑不变量，这对物态变化有了全新的认知。由于材料的特性取决于其电子能带结构，那么通过在能带结构中搜索由拓扑数决定的特征，以此找到所需的量子态和物性。在 1982 年，崔琦等人通过用超纯异质结替代硅基材料而实现极其纯净的二维电子气，进而发现了分数量子霍尔效应。这两个发现是 20 世纪以来凝聚态物理学中里程碑式的科学发现，并且都获得了诺贝尔物理学奖。

1988 年，F. Duncan M. Haldane 等人提出在六角蜂窝状格子（Haldane 模型）相邻的格点位置引入反向的磁通，通过近邻效应实现量子霍尔效应。而且，这一理论为未来量子反常霍尔效应的发展提供了重要的理论依据。随着对材料拓扑性研究的深入，越来越多的拓扑量子材料被发现和证实，拓扑量子材料开始了快速发展的阶段，拓扑量子态的研究也不再局限于拓扑绝缘体，而向着金属性材料发展，如拓扑半金属、拓扑超导体等。此外，拓扑量子态也拓展出许多新颖的特性。因此，拓扑量子材料的发展和研究不仅对基础物理学的理论研究起到了极大推动作用，也为新兴电子器件与量子计算等高新科学技术提供了新的思路和重要的基础，使其成为当前以及未来在凝聚态物理学和材料学领域中最重要的高新前沿研究领域之一。

1.2.2 拓扑绝缘体

拓扑绝缘体是当前凝聚态物理学领域中较为前沿且热门的研究课题。当整数量子霍尔效应被发现时，可能并没有全面了解到拓扑本质。随着对霍尔电导的拓扑解释，人们开始重新审视体系中的拓扑特性。

2005 年，Kane 和 Mele 等人提出基于石墨烯模型利用自旋-轨道耦合在狄拉克点处打开能隙，能隙处将出现线性色散的螺线性边缘态。如图 1-2 所示，相同自旋与相反自旋的电子分别向不同的方向沿材料边缘运动，类似于自旋动量相关联的螺旋性，与此同时，由于受时间反演对称性的保护，不受非磁性杂质和无序的影响。这一现象被称为量子自旋霍尔效应，而量子自旋霍尔绝缘体也被称为二维拓扑绝缘体。随后该团队又提出用 Z_2 拓扑不变量对普通绝缘体和拓扑绝缘体进行区分。在受时间反演对称性的保护体系中，边缘态穿过费米能级的次数为偶数，拓扑不变量 $Z_2=0$，其边缘态是拓扑平庸态。边缘态穿过费米能级的次数为奇数，拓扑不变量 $Z_2=1$，其边缘态则是拓扑非平庸态。前文中所提到的 Haldane 模型，可以在无外磁场的情况下实现拓扑绝缘体。和普通绝缘体相比，拓扑绝缘体也具有类似的体态，在能带结构中价带和导带之间存在能隙，且不具有导电性。拓扑绝缘体与普通绝缘体的区别在于其边界存在无能隙的拓扑非平庸态，它们将价带和导带连接在一起，并受时间反演对称性保护，从而导致边界具有导电性。

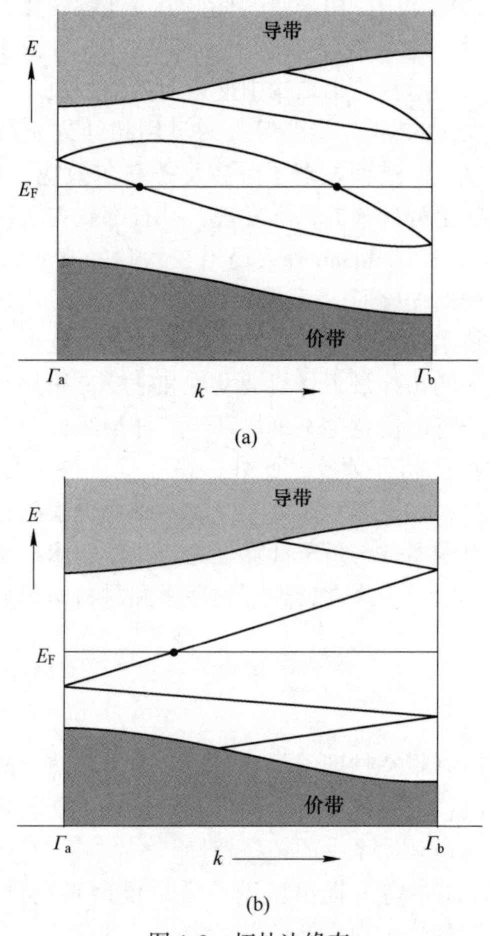

图 1-2 拓扑边缘态

(a) 边缘态穿过费米能级的次数为偶数的拓扑平庸态；

(b) 边缘态穿过费米能级的次数为奇数的拓扑非平庸态

2005 年，Bernevig 和张首晟等人提出在 HgCdTe 量子阱体系结构中可能存在量子自旋霍尔效应。如图 1-3 所示，HgCdTe 体系属于强自旋耦合的传统半导体，CdTe 的导带和价带分别由 s 轨道和 p 轨道的电子态所构成，改变体系中 HgTe 样品层的厚度，当超过临界值 d_c 时，HgTe 因强自旋耦合作用发生 s-p 能带反转，同时，可以在能带结构中观察到自旋分辨的螺旋边缘态，以此来实现量子自旋霍尔效应，体系由此转变为拓扑绝缘体。随后这一理论被 Molenkamp 等人于 2007 年通过实验所验证。并且还证实了在无磁场的条件下，量子自旋霍尔效应在产生自旋电流的同时不产生额外的能量耗散。因此，HgCdTe 量子阱体系成为了第一个通过了实验验证的二维拓扑绝缘体材料。然而，该体系的结构复杂，制备方法较为困难，能隙较小，并含有毒元素。因此，寻找结构简单、能隙较大的材料进一步引起了研究人员的广泛关注。2008 年，张首晟等人提出在 AlSb/InAs/GaSb/AlSb 量子阱体系中也可能存在量子自旋霍尔效应。随后，Knez 等人在实验中证明了该体系中边缘态的存在。

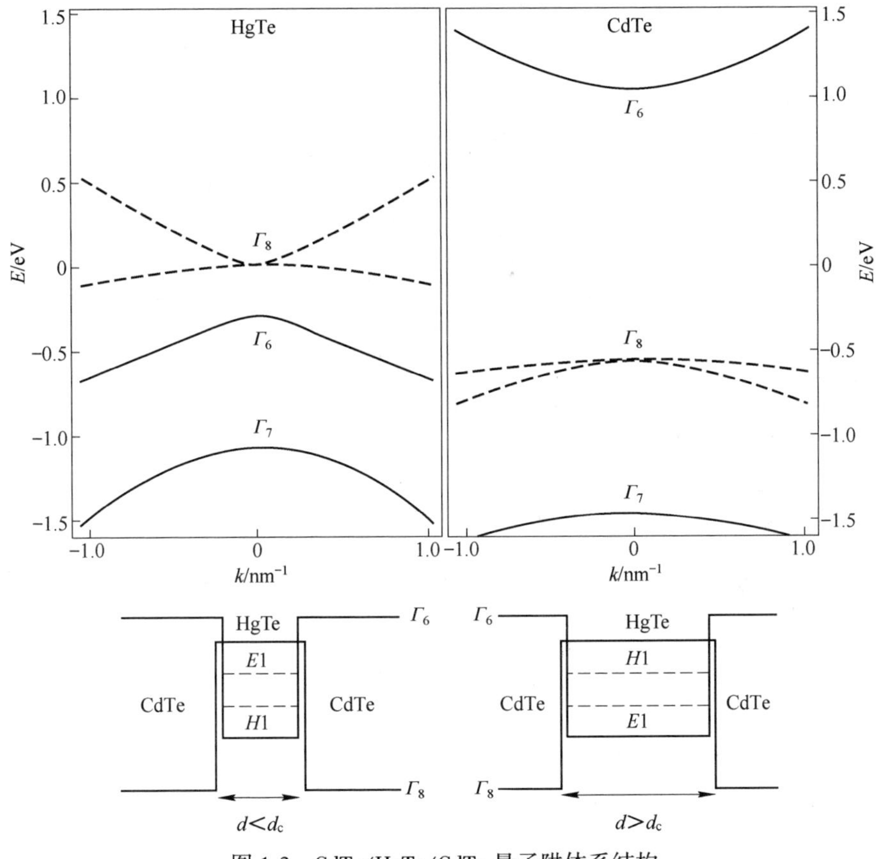

图 1-3 CdTe/HgTe/CdTe 量子阱体系结构

随着人们对拓扑态的认知越来越深入，三个理论团队很快将量子自旋霍尔绝缘态从二维空间拓展到三维空间。如图 1-4 所示，类似于二维拓扑绝缘体，三维拓扑绝缘体也可以用 Z_2 拓扑不变量来描述体系的拓扑性质，与二维拓扑绝缘体不同的是需要四个独立的 Z_2 拓扑不变量：ν_0、ν_1、ν_2、ν_3。可以根据拓扑数的取值将体系分为两类：当 ν_0 的取值为 0 时，在该体系中并非每个表面都包含表面态，其拓扑性与晶格对称性有关，一些细微的干扰就会破坏体系的拓扑特性，则为弱拓扑绝缘体。当 ν_0 的取值不为 0 时，在该体系中每个表面都存在表面态，并受到时间反演对称性的保护而不易被非磁杂质破坏，则为强拓扑绝缘体。

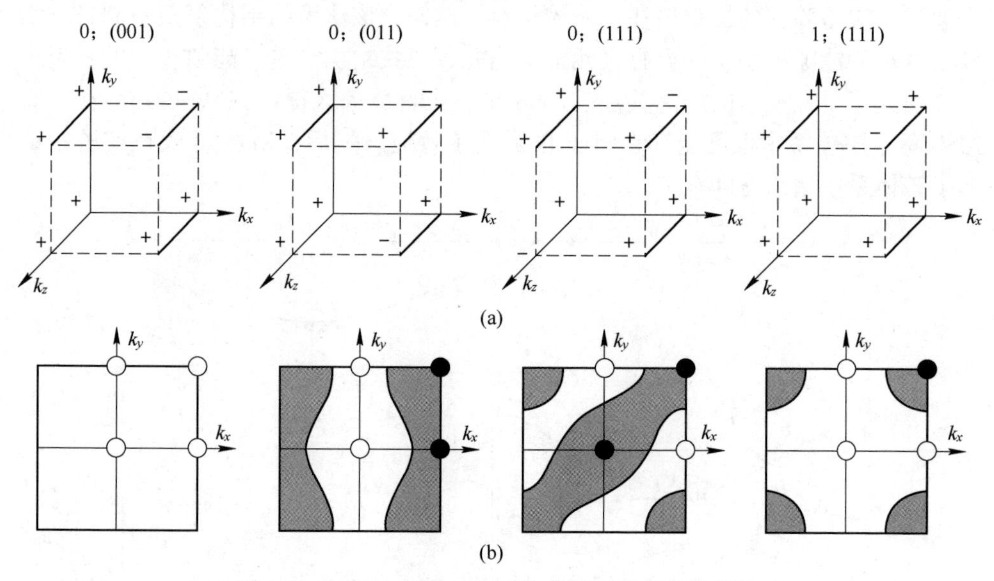

图 1-4　四类 Z_2 拓扑不变量描述的三维拓扑绝缘体

（a）立方体的 8 个顶点的反演不变点上的 δ_i 值；（b）表征（001）面的费米面（空（实）心点对应 Γ_{a1} 和 Γ_{a2} 的投影，用 $\pi a=\delta_{a1}\delta_{a2}=+1(-1)$ 表示。阴影区代表特定的表面弧）

2007 年，傅亮等人提出 $Bi_{1-x}Sb_x$ 材料属于三维拓扑绝缘体。随后 Hasan 等人通过 ARPES 证明了该材料的能带结构包含呈线性色散的狄拉克锥，同时，边缘态 5 次穿过了费米能级，属于拓扑非平庸态。这是首次通过实验证明三维拓扑绝缘体。2009 年，Hasan 等人通过 ARPES 证明了三维拓扑绝缘体中的自旋表面态的存在。尽管如此，$Bi_{1-x}Sb_x$ 合金材料由于结构复杂，不易于研究。2008 年张首晟等人和 Hasan 等人分别提出 A_2X_3(A = Bi、Sb，B = Se、Te）家族材料可能是三维拓扑绝缘体。这类材料晶体结构和电子结构较为简单，能隙较大（Bi_2Se_3 的能隙为 300 meV)，电子能带中仅包含一个狄拉克锥，而且方便观察、易于制备，是较为理想的研究对象。随后，多个团队通过 ARPES 观察到 Bi_2Se_3、Sb_2Te_3、Bi_2Te_3 中存在狄拉克锥型的拓扑非平庸表面态，进而证实了这一理论预测，如图 1-5 所示。与此同时，研究人员通过一系列实验观察到了表面态的朗道量子化、背散射的缺失等新奇的量子性质。Kong 等人在 2011 年通过化学气相沉积得到了 $(Bi_xSb_{1-x})_2Te_3$，并通过 ARPES 对加入不同占比的 Sb 元素的样品进行测试，观察到随着 Sb 元素占比的提高，该材料从 n 型转变为 p 型。此外，陈军等人采用栅压调控的方式在 MBE 制备的 Bi_2Se_3 材料中观察到了反弱局域效应。随着研究人员的不断探索，许多不同类型的拓扑绝缘体被发现，如拓扑莫特绝缘体、拓扑安德森绝缘体、拓扑近藤绝缘体等。

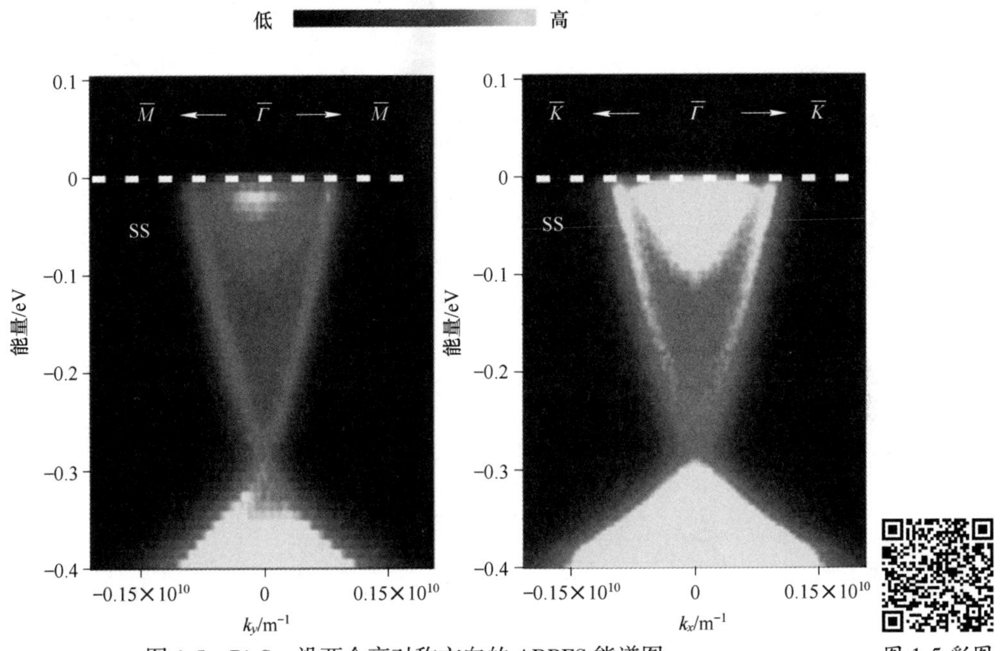

图 1-5 Bi_2Se_3 沿两个高对称方向的 ARPES 能谱图

图 1-5 彩图

1.2.3 拓扑半金属

随着对拓扑绝缘体进行了大量深入的研究，科研人员开始思考是否可以将拓扑的概念引入金属中。一般来说，拓扑不变量可以定义在晶格动量空间中的封闭曲面。如图 1-6 所示，然而金属的能带结构与绝缘体的不同，其费米面处于闭合状态，也可以通过定义类似的拓扑不变量对其进行标识。拓扑绝缘体的体态有能隙，而其表面态呈狄拉克锥型结构，其自旋方向垂直于动量。拓扑半金属的体态没有能隙，三维（3D）布里渊区（BZ）中导带与价带由于能带反转而在费米面（EF）附近相交形成节点，且形成线性色散的狄拉克锥能带结构，拥有费米弧状的表面态。一般来说，根据节点的简并度、能带色散和晶体空间对称性可以将拓扑半金属划分成几种类型：狄拉克（Dirac）半金属、外尔（Weyl）半金属以及拓扑节线（TNL）半金属。其中，两个双或单简并带在费米面（E_F）附近的离散点相互交叉，由于能带反转形成四重简并狄拉克点的狄拉克半金属，或者双重简并外尔点的外尔半金属，或者形成一维闭合曲线环的拓扑节线半金属。在高能物理中，相应的低能激发分别表现为狄拉克（Dirac）和外尔（Weyl）费米子。

狄拉克和外尔费米子的实现不仅为高能物理中粒子提供了新的见解，而且还提供了研究其独特拓扑特征的平台，包括费米弧表面态和手性异常效应等。近几年，研究人员再次提出并通过实验证实了一类无磁性的非中心对称性的三重简并拓扑半金属。前文提到过研究人员通过 Z_2 拓扑不变量来描述拓扑绝缘体中的拓扑特性，然而，目前还没有一个令人信服的统一方式对拓扑半金属中的拓扑特性进行描述。从理论的角度上发出，已经证明了第一性原理计算对预测和设计材料中各种拓扑相具有出众的能力。从实验上的角度出发，即使在自旋极化的情况下 ARPES 由于其独特的能力也可以直接探测 3D 能带结构，在确认拓扑相是否存在的问题上发挥了极其重要的作用。与此同时，扫描隧道显微镜（STM）、扫描隧道光谱（STS）等实验技术也为全面了解这些拓扑半金属的表面态的能量起到了重要的作用。输运性质也通过对负磁阻等测试进而了解拓扑半金属的某些特征。

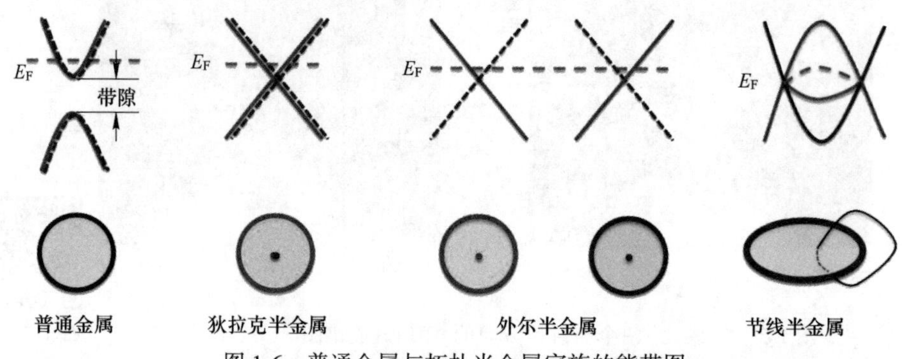

图 1-6 普通金属与拓扑半金属家族的能带图

三维空间中两条具有线性分散关系的自旋简并能带在高对称点附近相交形成具有自旋的四重简并的狄拉克点，导致具有拓扑非平庸态，称这类全新的拓扑量子材料为狄拉克半金属。所谓的狄拉克点是满足相对论的狄拉克方程无质量的狄拉克费米子，拓扑结构受时间反演和空间反演对称性的保护而稳定存在，不受非磁杂质干扰。一般来说，狄拉克点不会单独存在而是成对存在。狄拉克半金属根据能带的不同分为两类：一类狄拉克半金属介于绝缘体到弱拓扑绝缘体的拓扑相变临界态，拥有独特的双狄拉克锥能带结构。另一类狄拉克半金属位于强拓扑绝缘体和弱拓扑绝缘体之间的拓扑相变临界态。近年来，科研人员经过不懈的努力已经预言并成功验证了几种狄拉克半金属。作为第一个被实验证实的三维拓扑半金属，Na_3Bi 自发现以来就引起了广泛的关注。2012 年，方忠等人通过理论计算首次提出以 Na_3Bi 为代表的六方晶系材料 A_3Bi(A=Na，K，Rb）和四方晶系材料 Cd_3As_2 为三维狄拉克半金属。随着他们和实验团队合作于 2014 年通过 ARPES 在 Na_3Bi 中观察到具有线性色散的三维各向异性狄拉克锥的存在，且受 C_3 旋转对称性的保护，具有一对连接两个狄拉克点在侧表面上的投影的费米弧表面态，如

图 1-7 所示。理论上，Na_3Bi 的一对狄拉克点恰好位于费米能级上，因此它是理想的狄拉克半金属。然而实验发现 Na_3Bi 在空气中不稳定，这使得实验验证和未来应用具有一定的挑战性。2014 年，陈宇林等人在通过 ARPES 证实了由于能带反转导致 Cd_3As_2 中出现了一对三维狄拉克费米子。与 Na_3Bi 不同的是它受到 C_4 旋转对称性的保护，这与基于对称性论证的预期一致。值得注意的是，通过 ARPES 和 STM 测试所得到的狄拉克最能带结构存在一定的差异，如能量空间的位置和狄拉克锥的形状。尽管如此，Cd_3As_2 的狄拉克点位于费米能级附近，且在空间中具有稳定的化学性质。并且通过对其研究观察到很多新奇的物理现象。此外，理论认为，狄拉克半金属由于其独特的性质，通过破坏空间反演或者时间反演对称性的方法可以转变为拓扑绝缘体或外尔半金属等拓扑量子材料。

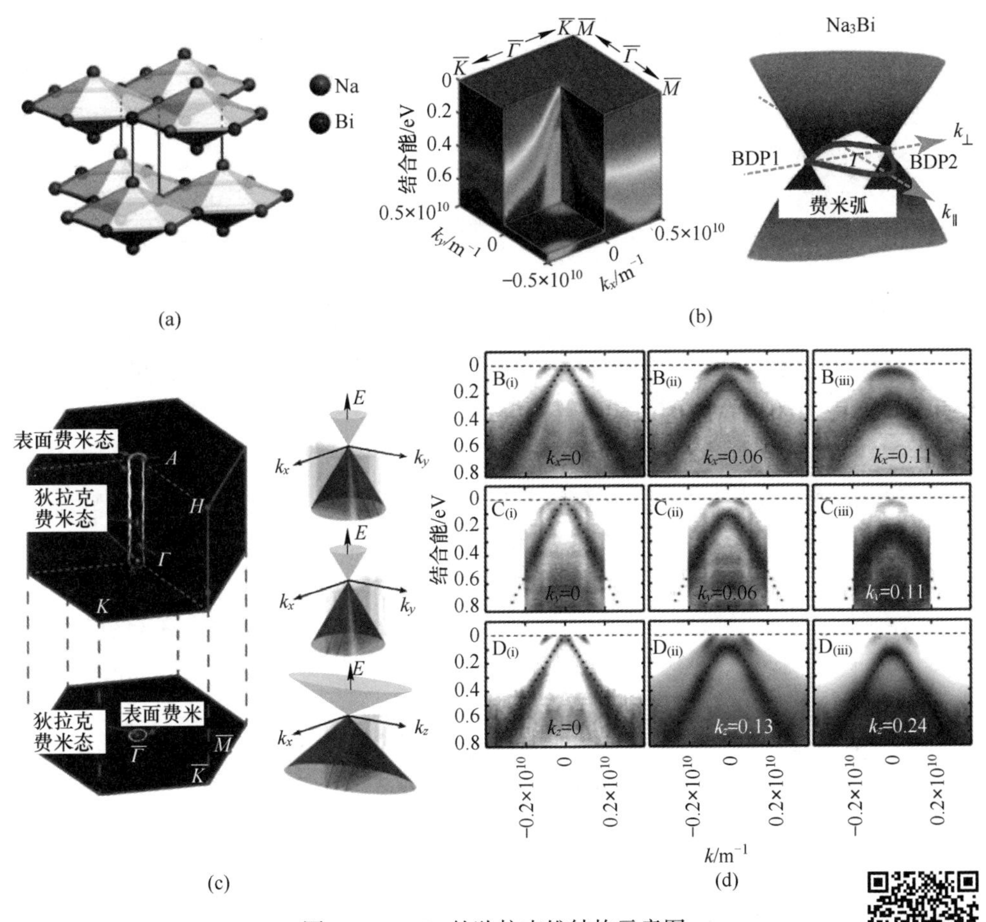

图 1-7 Na_3Bi 的狄拉克锥结构示意图

（a）Na_3Bi 的结构示意图；（b）Na_3Bi(001) 面的三维狄拉克锥和能带示意图；（c）Na_3Bi 的布里渊区费米面；（d）狄拉克锥在动量空间中三个方向的色散

图 1-7 彩图

在外尔半金属中，两条具有线性分散关系的自旋非简并的能带交叉后形成二重简并的节点，且满足外尔方程，这与狄拉克半金属不同。其中，交叉节点被称为外尔点（外尔费米子），可将其视作无质量的狄拉克点的一半，理论上十分稳定。自从这一概念被提出后，研究人员始终在孜孜不倦地追寻外尔费米子，在最初的几十年里，研究人员一直没有找到这种类型的粒子，一度认为中微子具有外尔费米子的属性，随后发现中微子是有质量的，这与外尔费米子的概念不符合。直到近几年，拓扑量子材料的兴起使研究人员对于拓扑量子态有了全新的理解，为外尔费米子的发现提供了强力的发展平台。将狄拉克点看作一对外尔点叠加，那么破坏狄拉克半金属的时间反演或空间反演对称性可以将狄拉克点退简并为外尔点，从而得到外尔半金属。就能带而言，当两条具有线性分散关系的自旋非简并的能带在费米能级附近交叉，手性相反的外尔点存在于费米面上，且在三维空间中三个不同方向的能带形成线性色散关系的外尔锥。由于外尔点也是成对出现，可以看为动量空间中一对相反磁荷的磁极单子，彼此间通过磁通连接，受拓扑表面态保护。在外尔半金属中通过连接这些外尔点而形成拓扑非平庸的费米弧表面态，与狄拉克半金属不同，其连接方式并非固定的而是随着表面的变化而变化。其中，费米弧存在于其上下表面，当样品厚度达到某临界值，费米弧通过那些外尔点连接起来形成一个闭合的运动轨道。由于这种特殊的能带结构导致外尔半金属拥有与众不同的物理特性。手性的存在对于外尔半金属的拓扑研究发挥了重要的作用。在三维空间中，手性相反的外尔点的存在保证外尔半金属的带隙处于闭合状态。同时，外尔点处于平行的电场和磁场中，两种手性不同的粒子由于电场的存在，数量发生差异，导致给定手性粒子数不守恒，也就是手性反常效应，如图 1-8 所示。电场的存在导致电流方向的手性电子增多，相应的电阻变小，随着磁场的引入，电流方向的手性电子越来越多，导致电阻变得更小，产生负磁阻效应。此外，手性反常也会形成反常霍尔效应、线性磁阻等量子效应。

2011 年，万贤刚等人首先提出在一类磁性烧绿石材料 $Y_2Ir_2O_7$（Y 属于稀土元素）中实现外尔费米子，该类材料破坏了时间反演对称性，经过磁相变后出现 24 对外尔点。但是由于磁性的影响，很难通过实验得以验证。随后徐刚等人提出了相对简单的铁磁半金属 $HgCr_2Se_4$，其铁磁相会产生一堆具有二次能带交叉的外尔点，即所谓的双外尔点。Burkov 等人提出了一种磁性掺杂拓扑绝缘体和普通绝缘体的交替层的异质结构来实现外尔点。然而，这些被提出的磁性外尔半金属的候选者由于其电子结构复杂、电子强关联以及磁性的干扰等问题导致难以通过 ARPES 或其他实验技术来证实外尔点的存在。

与磁性外尔半金属相比，由于没有磁畴的干扰，在非磁性外尔半金属中观察到外尔点的存在相对更可行，因此，研究人员提出了多种方法来实现这一目标。第一个方法是由交替堆叠的平凡绝缘体和拓扑绝缘体形成的超晶格体系；第二个

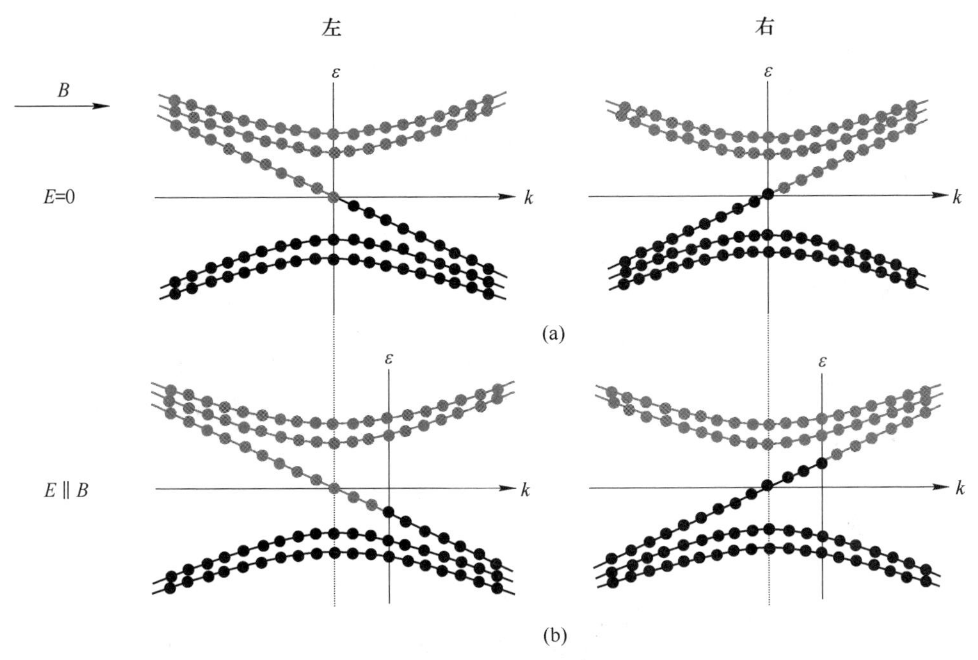

图 1-8 基于外磁场中外尔费米子形成的朗道能级

（a）不存在手性异常；（b）存在手性异常

方法是在非中心对称材料中通过普通绝缘体和拓扑绝缘体之间的相变来实现，这是由于相变过程中会产生一个中间相，理论上这个中间相属于外尔半金属；第三个方法是基于闪锌矿晶格的模型，通过微调其强自旋耦合之间的相对强度来实现；第四个方法是通过碲或硒晶体在一定的压强值下实现。然而，由于需要复杂的实验方法而难以通过实验来验证。在非中心对称性化合物中寻找外尔半金属可以避免之前遇到的障碍。遵循这一想法，翁红明等人从破坏空间反演对称性的角度，提出了非中心对称性的 TaAs 族材料是一类非磁性外尔半金属，其相应的低能态激发符合外尔半金属的条件。随后 Hasan 和丁洪等人于 2015 年在实验上通过 ARPES 观察到 TaAs 单晶中拓扑费米弧表面态、手性相反的外尔点和外尔费米子锥，如图 1-9 所示。这是首个经过理论预测和实验验证的外尔半金属。这类材料结构简单，便于合成，且不受磁性的影响，也不需掺杂或者施加外部压强的方法才能达到要求，是较为理想的研究对象。不久之后，研究人员通过 ARPES 证实了该材料的拓扑表面态拥有自旋极化属性。通过 STM 证明了准粒子干涉图谱受费米弧形状、自旋方向以及拓扑表面态的连接方式的共同作用影响。通过输运实验证实了该材料中存在由于手性异常导致的负磁阻效应。此外，TaP、NbP、NbAs 等材料也相继通过实验验证属于外尔半金属。2015 年，Bernevig 等人提出一种破坏了洛伦兹不变性的新型外尔费米子，拥有这种外尔费米子特性的半金属称为第二类外尔半金属。之前研究的外尔半金属中外尔锥保持直立，外尔点处具有点状结构的费米面，具有各向同性的特点，这类外尔半金属为第一类外尔半金属。而在第二类外尔半金属中外尔锥发生倾斜，外尔点处的费米面不再是一个点状结构，而是由电子和空穴口袋接触而形成的，具有各向异性的特点，因此第二类外尔半金属的性质也随之发生了变化。

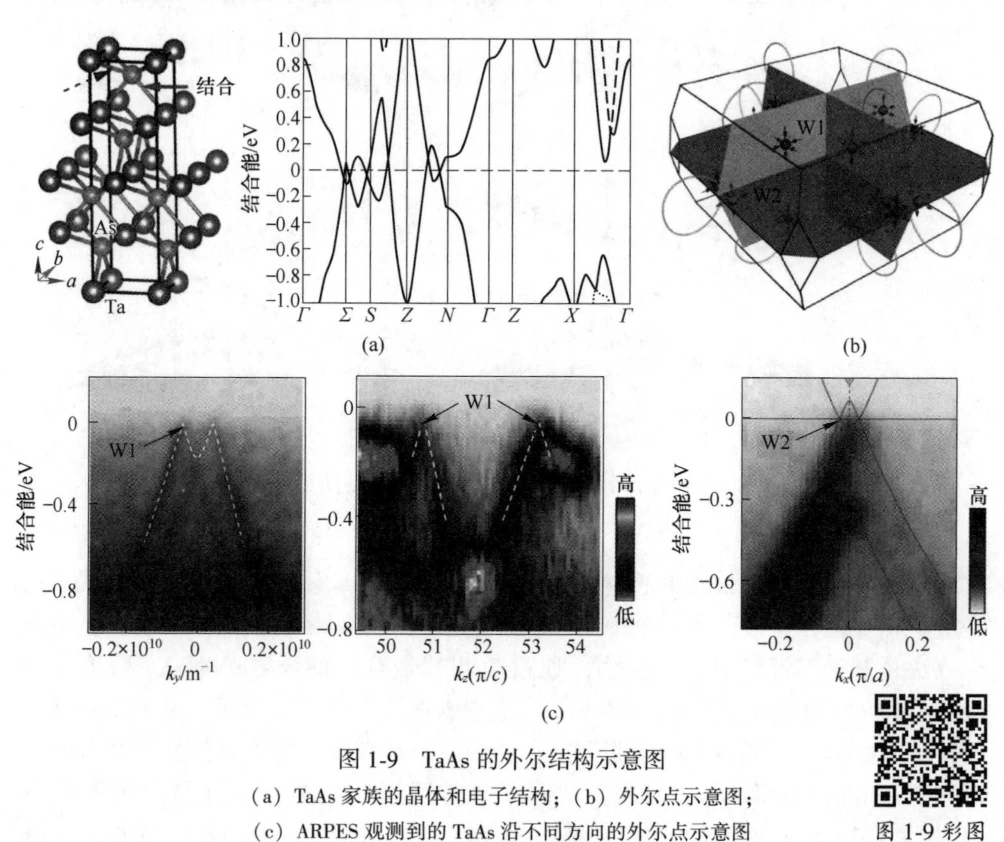

图 1-9　TaAs 的外尔结构示意图

（a）TaAs 家族的晶体和电子结构；（b）外尔点示意图；

（c）ARPES 观测到的 TaAs 沿不同方向的外尔点示意图

图 1-9 彩图

在拓扑半金属中，除了离散节点外，能带的交叉点可以在三维动量空间中形成一维的曲线或者闭合环，这种在费米面附近的一维能带交叉的材料被称为拓扑节点半金属。拓扑节线半金属由 Burkov 等人于 2011 年首先提出，并在拓扑量子材料学中占有重要的位置。由于具有一维能带交叉，拓扑节线半金属的费米面也是一维的，而狄拉克半金属和外尔半金属的费米面是零维的。在拓扑节线半金属中，低能激发决定了物质的主要特性，其色散关系的类型对物性起到了决定性的作用，一维节点线仅沿垂直于节点线的方向表现出线性色散。因此，节点线半金属的低能激发沿两个横向方向是无质量的，而沿与节点线相切的方向是有质量的，研究人员推测在节点半金属中会有更强的电子强关联效应。如前文所说，拓扑量子材料通过拓扑不变量来描述其拓扑性质的，对于拓扑节线半金属，每条节点线都可被拓扑不变量来描述，其分类取决于保护节点线结构的对称性。目前已有多种不同类型的对称性所保护节点线被发现并证实，例如：拓扑不变量 Berry 相、单极电荷或拓扑电荷描述的节点线受时间和空间对称性保护，拓扑不变量描述的节点线受镜面反射对称性保护。晶体对称性对于拓扑节线半金属如此重要，破坏其对称性，节点线结构会转变为其他的拓扑态（外尔半金属、拓扑绝缘体等），甚至可能不再具有拓扑特性。如图 1-10 所示，从自旋轨道耦合、不同类型的晶体对称性等角度来分析拓扑节线半金属转变的拓扑态可分为以下几类：第一类是仅受时间反演和空间反演对称性保护的拓扑节线半金属增强自旋轨道耦合的强度，体系会打开其能隙，表面态可能转变为狄拉克锥表面态，体系变换成狄拉克金属或者拓扑绝缘体。这类研究材料包括 Cu_2Si、TiB_2、Mg_3Bi_2。第二类是受镜面对称性保护的节线半金属，由于强自旋轨道耦合的作用，拓扑节点态被破坏而转变为普通绝缘体、拓扑绝缘体、狄拉克金属或外尔半金属，这取决于晶体的对称性和自旋轨道耦合的强度。这类材料 $PbTaSe_2$ 已被实验验证。第三类是受到多种对称性（空间反演、时间反演、非中心对称性）保护的节点半金属，由于非中心对称性的存在，费米能级附近的一维节点线受拓扑保护，体系能稳定存在。已通过实验在 ZrSiS 中证实。

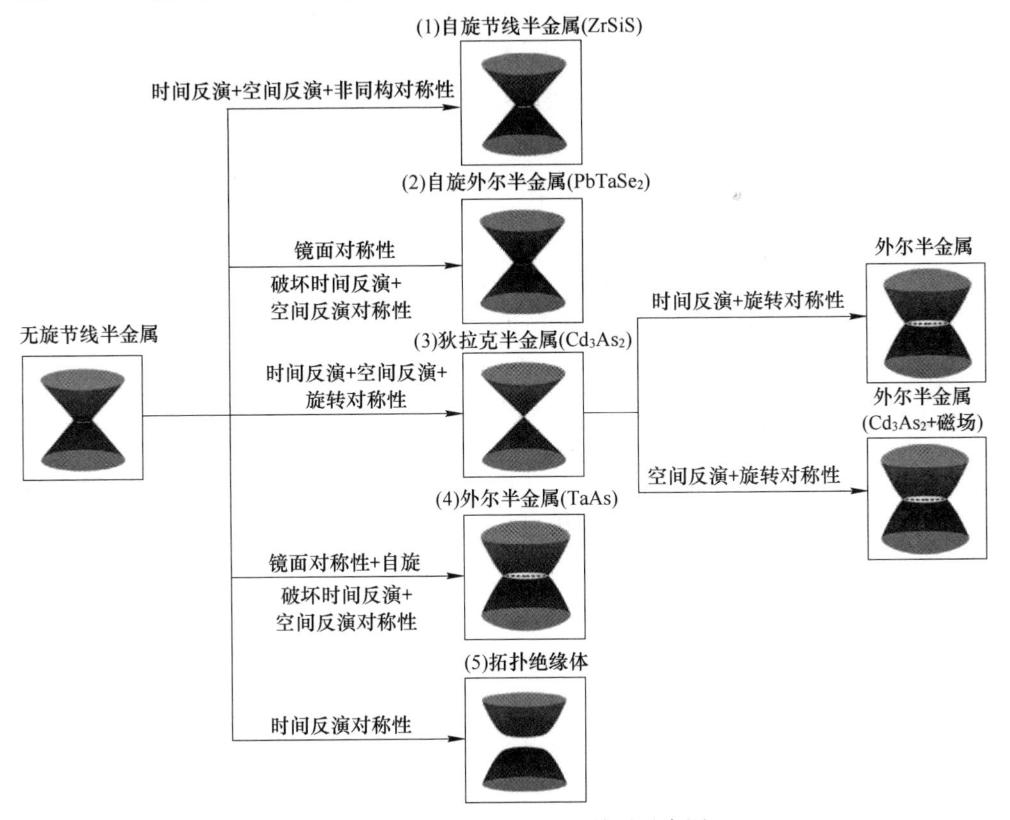

图 1-10 拓扑态之间的相互关系示意图

晶体的对称性对于保护节点线极为重要，然而，镜面反射等保护节点线的对称性并没有存在于表面态上。因此，拓扑节线半金属的表面态不受体态节点线的拓扑保护。尽管如此，拓扑非平庸的表面态仍然存在于拓扑节线半金属，它们嵌入体态节点线在特定的表面投影区域的导带和价带之间的间隙内。这些表面状态的显著特征是其能带色散较为平坦，也被称为“鼓膜状”表面态。这种“鼓膜状”表面态会导致其费米能级附近出现高态密度。这种状况会导致高温超导电性、磁性或其他与表面态相关的性质。但这种“鼓膜状”表面态不受拓扑保护，任何对体系的微小扰动会破坏表面态的“平坦度”。与此同时，拓扑节线半金属由于独特的电子能带结构也会导致有趣的输运和光学现象。例如非色散朗道光谱、准拓扑电磁响应等。

随着受拓扑保护由能带反转形成四重简并狄拉克费米子和双重简并外尔费米子的预测和实验证实，以及对拓扑量子态的深入研究，由于晶体对称性的多样性，科研人员认为拓扑量子态体系中存在狄拉克和外尔费米子之外的简并度的准粒子。Bernevig 等人于 2016 年从空间群中对称性的角度提出了可能存在一类拥有三重、四重和八重简并的准粒子激发态的费米子。随后翁红明和朱子明等人通过理论计算分别预测了 WC 家族材料（MoP、ZrTe 以及 TaN 等）中可能存在三重兼并的费米子。中国科学院的科研团队通过 ARPES 在样品 MoP 中观测到三重简并费米子，这也是首次实验上发现非传统费米子的存在。这类三重简并费米子受到旋转、镜面以及时间反演对称性的保护。随后何俊宝等人通过输运测试在磁场中观测到 WC 家族材料具有极大的磁电阻，以及由于三重简并费米子劈裂形成的外尔费米子所导致的负磁阻效应。三重简并费米子由于其独特的结构被视为介于狄拉克费米子和外尔费米子之间的中间态，拓展了对拓扑量子态以及拓扑相变的研究理解，为新材料性质的理解、新粒子的发现以及新型材料器件提供了研究方向。

1.2.4 拓扑超导体

随着对拓扑特性在拓扑绝缘体和拓扑半金属中的深入研究，拓展了对于拓扑量子材料的全新认知。研究人员希望寻找一类超导体，可以通过拓扑不变量的角度来审视并研究。一般来说，如果一个超导体的某一种拓扑不变量取非平庸值，这类超导体被称为拓扑超导体。理论物理学家提出拓扑超导体的边界态中会具有无能隙的准粒子激发，这类准粒子被认为是有天使粒子之称的 Majorana 费米子，Majorana 费米子的特点是反粒子是自身，即具有自反性的粒子，且满足非阿贝尔统计，通过构筑拓扑量子比特，为拓扑量子计算的实现提供研究方向。因此，拓扑特性和超导态的结合引起了研究人员的广泛关注，并成为凝聚态物理的研究热点。目前，人们致力于寻找拓扑超导体，并提出多种方法来实现这一目的。

尽管研究人员致力于超导与拓扑表面态共存的研究，且发现了很多可能是拓扑超导体候选材料，但是对拓扑超导体的验证较为困难，目前，还没有发现一个明确的拓扑超导体的材料。

1.2.5 层状拓扑材料的高压研究

1.2.5.1 拓扑相变

随着近年来对拓扑绝缘体、狄拉克半金属等材料中不同的拓扑表面态的认知逐步加深，发现拓扑表面态对能带结构的变化十分敏感，因此，在寻找新奇的拓扑相的过程中，压强是一种有效的手段。当材料通过压强在窄带隙材料中调节自旋轨道耦合的强度，轨道杂化以及晶体场分裂能可能导致拓扑相变。如前文所说，ARPES 和 STM 等实验方法在表征拓扑表面态中发挥了重要的作用，但无法与高压实验结合，使高压拓扑表面态的测量受到限制。因此，科研人员运用拉曼光谱、电输运等间接的测试手段对其进行表征，并通过理论计算提供理论支持并解释现象。据报道，在二维层状黑磷的高压电输运等测试中，观察到在 1.2 GPa 以上黑磷发生等结构转变，且在磁场的作用下量子震荡表明半金属的黑磷具有狄拉克色散的非平庸 Betty 相，说明压强使黑磷由半导体转变为狄拉克半金属。Zhang 等人对层状材料 1T-$TiTe_2$ 进行高压拉曼光谱和电输运的研究中发现，电阻和拉曼振动峰在压强的作用下出现了不连续的异常行为，结合理论计算对电子能带结构和 Z_2 拓扑不变量的分析，1T-$TiTe_2$ 在 1.7 GPa、3 GPa 发生了由拓扑平庸相到强拓扑相和强拓扑相到弱拓扑相的拓扑相变，8 GPa 发生了结构相变。与此同时，Rajaji 等人通过对能带结构和费米面的理论计算观察到 1T-$TiTe_2$ 在 8 GPa 处电子费米面的拓扑能带结构的变化，这一结果表明材料发生了电子拓扑相变。电子拓扑相变是苏联科学家 Lifshitz 于 1960 年提出的一种用于描述费米面几何拓扑性变化的概念，可以将复杂的能带演化过程简要概括为拓扑数的变化，从而将复杂的物理问题抽象为数学问题，也被称为 Lifshitz 相变。重要的是在 Lifshitz 相变过程中费米面拓扑结构的变化与晶格对称性的变化无关。Lifshitz 相变与拓扑相变属于两种不同的现象，它们的 XRD 和拉曼峰的变化特征非常相似，区分它们的常用办法是通过电子能带结构、费米面和拓扑不变量 Z_2 的计算。通常，Lifshitz 相变是费米面拓扑性和形状在外部刺激下发生改变所导致的。在某些状态下，Lifshitz 相变和拓扑相变可以在黑磷等二维层状拓扑材料的相同压强区间中同时出现。

1.2.5.2 拓扑超导

超导电性作为 20 世纪最重要的科学发现之一，并逐渐发展成为凝聚态物理学中受到广泛关注的研究领域。超导具有零电阻和完全抗磁性的特性，材料发生超导转变后，无论如何变更施加的磁场，其内部的磁感应强度始终为零，这一现象被称为超导的迈斯纳效应。这是由于磁场在超导材料的表面形成了超导电流，形成反向的感应磁场，而与施加的外磁场相互抵消，这样就导致材料内部的磁感应强度为零。随着对超导研究的逐步发展，对这一物理现象和规律具有深入的了解。

通常，高压会改变费米面附近的电子态密度，进而改变载流子浓度等性质，最终导致超导的出现。近年来，多种类型的超导材料的高压超导研究都取得了重大的进展。例如，在环境压强下不具有超导电性的硫、硼、锂等元素在高压的环境下发生了超导转变。对于铜基超导体和铁基超导体来说，压强可以显著提高其超导初始转变温度。对于富氢材料来说，在压强的作用下，其初始转变温度已经达到 200 K 以上，并不断地打破高温超导的纪录等。这些研究成果为高温超导的实现提供了指导意义。研究人员不仅通过压强来研究超导机制，也发现了一些非常规变化，这与压强导致的其他影响有关，比如压强导致费米面拓扑性变化等。

高压可以改变材料晶格常数和各向异性，由此带来的色散关系的变化会影响费米面周围的电子和空穴口袋及载流子浓度，这些都有利于超导电性的出现。但从拓扑超导体的角度来说，需要在不改变其拓扑性质的基础上实现超导电性。层状拓扑绝缘体 Bi_2Se_3 和 Bi_2Te_3 已经被证实了在压强的作用下会出现超导电性。随着压强的增加，其 T_c 温度出现了不连续变化，这可能是由晶体结构相变和载流子类型的转变所引起的。随后的实验证实 Bi_2Se_3 经历了晶体结构相变后才出现超导电性，相变后的结构是否保持拓扑特性需进一步研究。而 Bi_2Te_3 在未达到晶体结构相变的压强前就已经出现超导电性，这表明超导电性和拓扑特性发生共存，可能在其表面态发现 Majorana 零能模。二维层状硫化物 WTe_2 和 $MoTe_2$ 作为典型的拓扑半金属代表，层状结构使它的电子能带性质对压强更为敏感。在 10.5 GPa 处，WTe_2 发生超导转变，超导初始转变温度随着压强呈现出先增大后减小的变化趋势，形成“穹顶”的变化，在 13.0 GPa 处达到最高的初始转变温度 (6.5 K)。高压 X 射线衍射显示，随着压强的增加，层间的压缩率大于层内的压缩率，第一性原理计算表明压强引起费米面周围的电子和空穴口袋逐渐变大，甚至引入了新的口袋。这会导致费米面周围的电子态密度增大，载流子也同步增加，这些现象有助于超导转变。此外，研究结果表明，高压可能是导致量子相变出现的有效手段之一。与之相类似的是，$MoTe_2$ 在加压至 1 GPa 的过程中出现超导转变，且超导转变温度迅速增加，在 11.7 GPa 达到最高 (8.2 K)，随后随压强的增加而逐步减小，也形成“穹顶”的形状，如图 1-11 所示。超导转变温度在 1 GPa 出现的异常行为可能与 $MoTe_2$ 的 1T′和 Td 两个结构相之间的竞争有关。$MoTe_2$ 的高压介子自旋实验表明其超导配对可能是拓扑非平庸的 s+−形式。而对

S 原子掺杂 $MoTe_2$ 的拓扑超导实验证明了拓扑非平庸的 s+−形式，表明压强下的 $MoTe_2$ 是拓扑超导体的候选者。最近，越来越多的层状拓扑材料被证明在压强下可能具有拓扑超导态。虽然，高压技术已经在拓扑材料和超导电性中取得了很多有意义的成果，但是高压超导技术具有一定的局限性，无法在压强下原位使用 STM 等技术直接探测拓扑性质。尽管如此，高压技术依然为研究拓扑量子材料提供了平台。

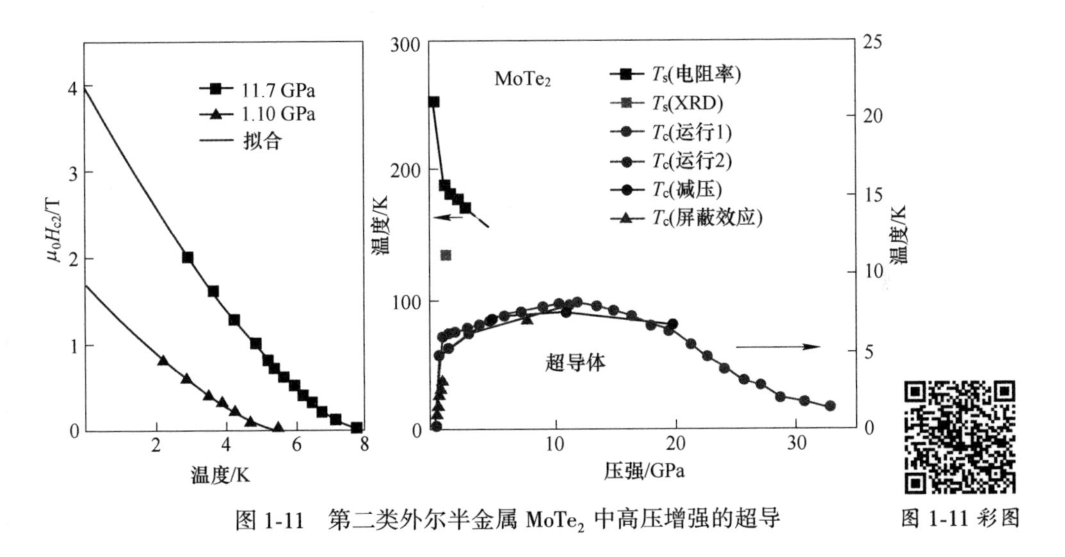

图 1-11　第二类外尔半金属 $MoTe_2$ 中高压增强的超导　　图 1-11 彩图

1.3　层状铁磁材料的简介

1.3.1　层状铁磁材料的介绍

随着材料层数降低，量子效应逐渐显现，这使二维层状材料能够表现出丰富的新奇物理性质，包括优异的催化性质、异常的荧光强度、超导性质等。根据 Mermin-Wagner 理论，二维各向同性海森堡模型在材料受到热扰动的影响，有限温度内自发磁化是不存在的，因此在二维材料中很难形成长程的铁磁有序结构。直到人们实现了二维材料的磁各向异性，获得了 $Cr_2Ge_2Te_6$、CrI_3 以及 VSe_2 等长程铁磁性材料，极大地激发了科学界对层状磁性材料的研究热情。通过调控原子配比，元素种类甚至是层间、层内相互作用，设计且获得二维铁磁材料有望应用于量子计算、高频、存储器件，满足高度集成、超高速响应、低功耗等需求。一般而言，采用 Heisenberg、XY、Ising 三种模型来描述磁性，如图 1-12 所示。图 1-12 中比较常见的是 Ising 模型，这是描述物质相变随机过程的模型，能够表示物质内部的原子自选与宏观磁性的关系。

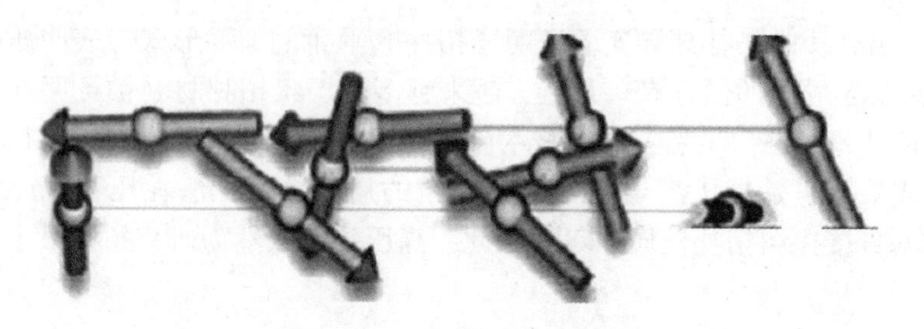

海森堡模型

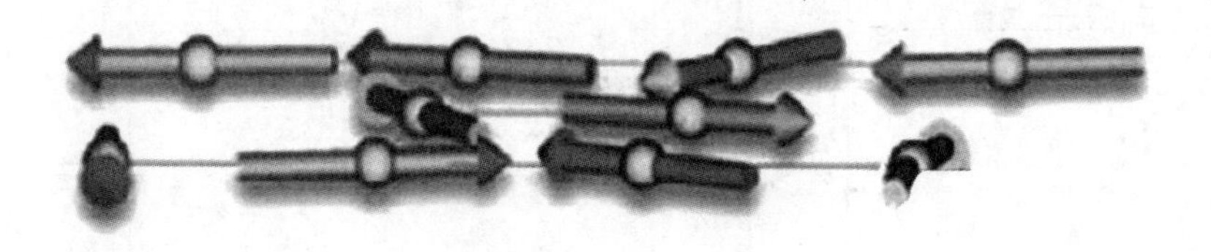

XY模型

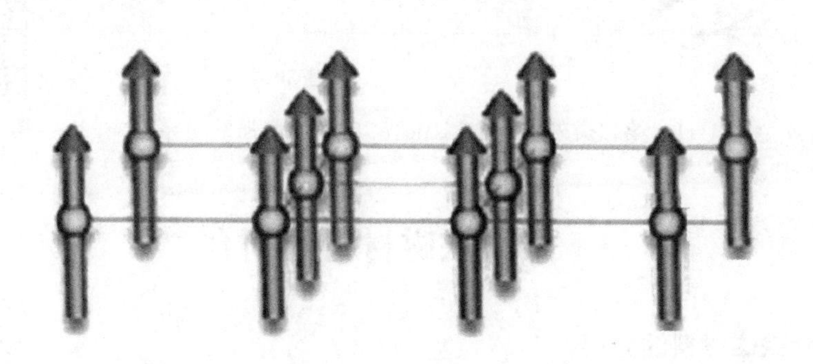

伊辛模型

图 1-12　海森堡（Heisenberg）模型、XY 模型和伊辛（Ising）模型

2019 年 Yilv 等人总结报道了一系列二维铁磁材料，包括二元、三元、多元体系，如图 1-13 所示。对于二元铁磁半导体材料，比较典型的是三卤化铬，这类材料层内化学键较强，层间相互作用力较弱，因此能够获得少层甚至单层材料。理论研究发现单层/体相 CrX_3（X = F、Cl、Br 和 I）在整个布里渊区没有虚频，表明其结构是稳定的。并且单层 CrX_3 具有磁各向异性，是一种半导体 Ising 铁磁体，铁磁转变温度为 61 K。不仅如此，研究发现，不同层数的 CrX_3 具有不同的磁性，其中三层样品中磁信号剧烈地增强可能是与层数有关的电子结构变化有关。另外，龙有文等人通过获得不同厚度的 Cr_2Te_3，深入研究了结构、电输运、磁性以及反常霍尔效应，发现随着厚度降低到 7.1 nm，T_c 急剧上升到室温

(280 K)。这与其他铁磁材料 T_c 随温度变化相反，通过理论计算发现，这是因为表面原子重构，距离变短，铁磁相互作用增强。

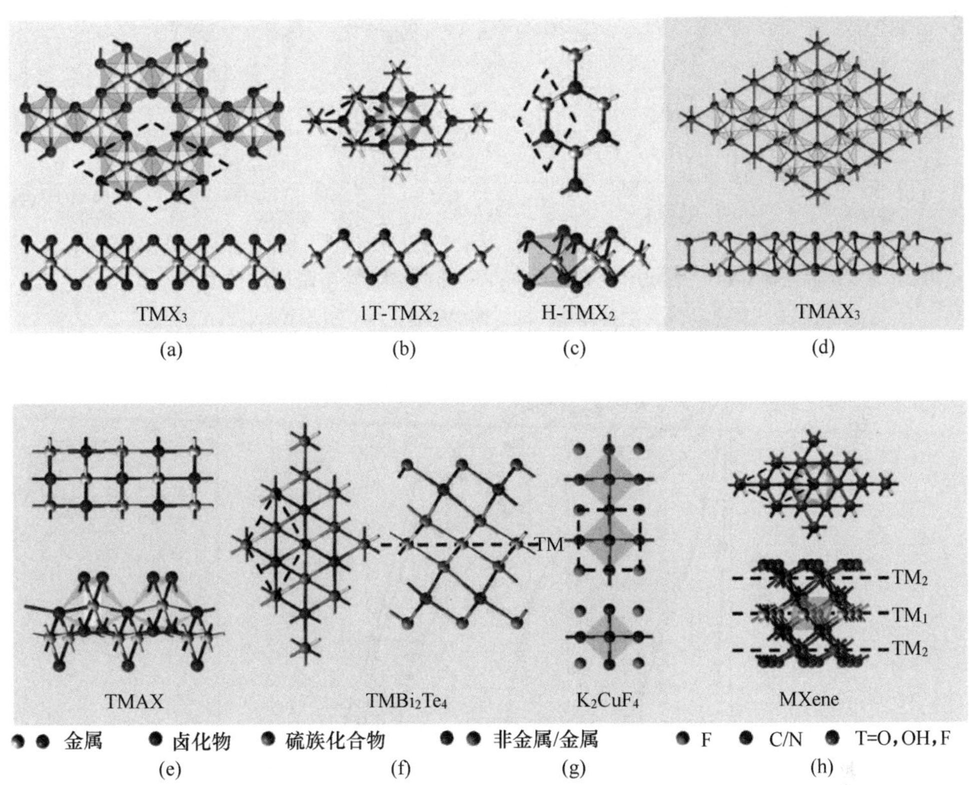

图 1-13 典型的二元二维铁磁材料（(a)~(c)）和三元二维铁磁材料（(d)~(h)）

图 1-13 彩图

对于三元体系而言，主要包括 $Cr_2Ge_2Te_6$ 和 Fe_3GeTe_2。如图 1-14 所示，2017 年，张翔等人通过磁光克尔技术揭示了 $Cr_2Ge_2Te_6$ 薄层样品的铁磁性。研究发现在温度 40 K 时，只有 3 层以上的样品才能够测到铁磁信号。另外两层样品的铁磁信号随着温度降低而增强，磁光克尔测试的结果表明两层样品 T_c 仅为约 30 K。并且 $Cr_2Ge_2Te_6$ 是一种近于理想的二维 Heisenberg 铁磁体，这为研究自旋行为拓宽了新的视角。Fe_3GeTe_2 是 2018 年由张远波等人报道的一种新型二维铁磁材料。研究发现，Fe_3GeTe_2 能够在较低温度下具有铁磁长程序以及面外磁各向异性。他们通过 Al_2O_3 薄膜的剥离方法获得了单层的 Fe_3GeTe_2 样品，通过测试霍尔电阻，发现随着薄膜厚度的减薄，转变温度急剧下降，单层样品的 T_c 只有 15 K 左右，如图 1-15 所示。

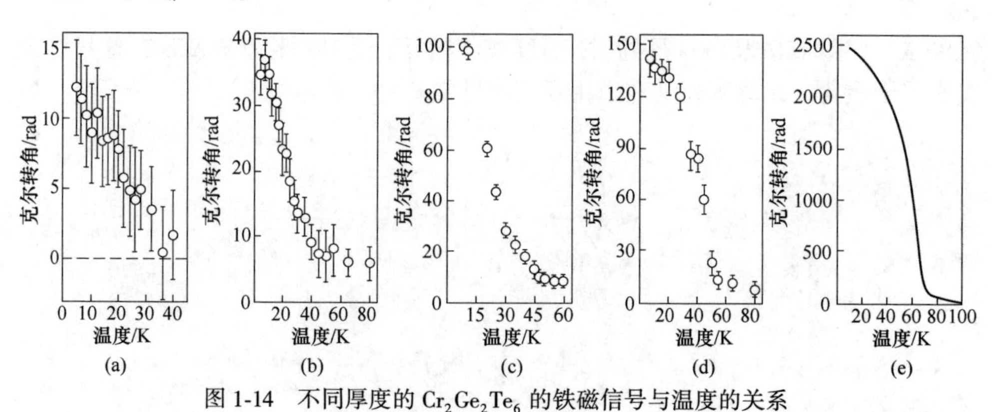

图 1-14 不同厚度的 $Cr_2Ge_2Te_6$ 的铁磁信号与温度的关系

（a）双层样品；（b）三层样品；（c）四层样品；（d）五层样品；（e）块体

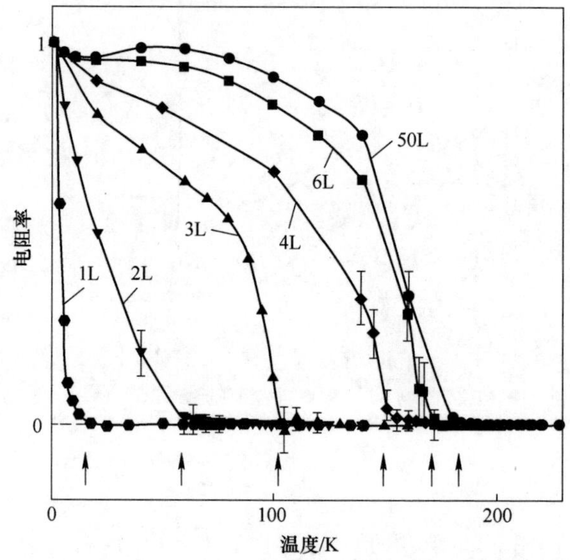

图 1-15 不同厚度 Fe_3GeTe_2 的剩余反常霍尔电阻与温度的关系

（箭头标注出对应厚度样品的 T_c）

1.3.2 层状铁磁材料的高压研究

高压是调控材料电子结构、原子间距，甚至是结构变化的有利手段，将高压与二维铁磁材料相结合能够深入认识二维铁磁材料的机理，有效地改变其铁磁性质，甚至实现材料的新奇特性，拓宽二维材料的应用前景。常用的产生高压的方式有 DAC 对顶砧、大腔体压机、冲击波等。对于研究二维铁磁材料来说，采用 DAC 压机装置施加压强，通过 XRD、拉曼等手段研究其结构与性质是有效的途径。因此，下面主要介绍二维铁磁材料在 DAC 压机下结构与性质的研究现状。

众所周知，在 60.4 K 常压下 CrI_3 能够从二阶顺磁转变为铁磁相。高压可以有效地调控转变温度，研究发现当压强提高到 1 GPa 后，T_c 转变温度可以提高到

64.9 K，如图 1-16 所示。另外对于层状材料来说，层间堆垛方式影响着其物理性质，研究发现，对 CrI_3 施加 2 GPa 静水压后，发现反铁磁到铁磁不可逆的转变。这是因为随着压强增加，导致材料从单斜到菱方晶系转变。更高压强下，人们发现 T_c 转变温度在 3 GPa 时增加到 66 K，在 21.2 GPa 时，增加到 10 K。并且高压下，能够导致 CrI_3 从半导体到金属相的转变，如图 1-17 所示。对于双层 CrI_3，人们通过第一性原理研究 AA 和 AB 堆垛的结构在高压下的性质。研究发现，这两种结构在常压下都是反铁磁的，带隙分别为 1.71 eV 和 1.68 eV。高压下，带隙逐渐减小，并且都转变为铁磁相。

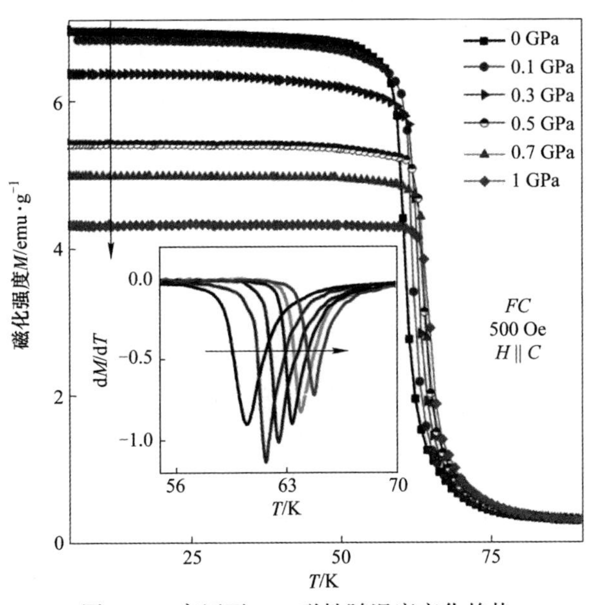

图 1-16 高压下 CrI_3 磁性随温度变化趋势

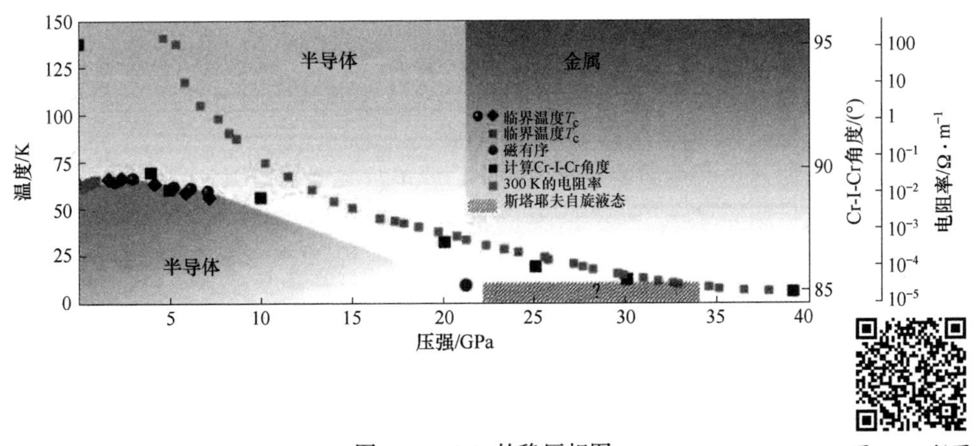

图 1-17 CrI_3 的稳压相图

图 1-17 彩图

二维层状铁磁体 Fe_3GeTe_2，是一种具有高居里温度的六方晶体结构，其空间群为 P_{63}/mmc，并且可以通过机械剥离的方式获得单层的 Fe_3GeTe_2 薄膜。通过对 Fe_3GeTe_2 施加高压，研究其电子输运与能带结构，发现反常的霍尔效应，通过理论计算表明反常的霍尔效应与费米面能级附近的轨道劈裂相关。图 1-18 所示为不同样品的反常霍尔电导率。

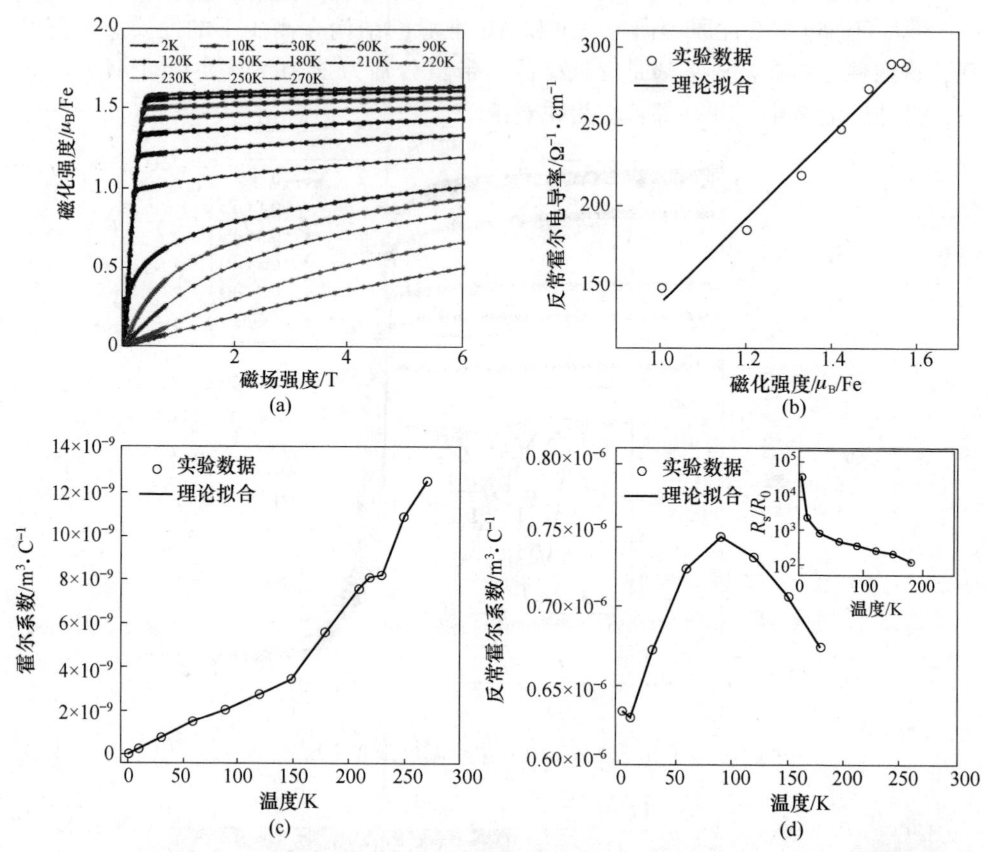

图 1-18　不同温度下样品的磁化强度与磁场的关系和反常霍尔电导率

（a）不同温度下样品（Fe_3GeTe_2）的磁化强度与磁场的关系；

（b）样品的反常霍尔电导率与磁化强度的关系；

（c）样品的霍尔系数 R_0 与温度的关系；（d）样品的反常霍尔系数 R_s 与温度的关系（其中插图为 R_s/R_0 与温度的关系）

图 1-18 彩图

1.4　研究内容和意义

高压作为基本的热力学参数，可以改变原子或分子的间距，调控电子结构中相邻电子轨道和电子跃迁，导致晶格和费米面的不稳定性，从而诱导结构相变或电子相变，使材料在高压下展现出常压下无法得到的丰富的物性。例如高压诱导绝缘体和半导体发生金属化，甚至发生超导转变。这为探寻结构新颖、性质优异的新型功能材料提供了重要的途径。层状材料具有独特的能带结构和奇异的物理性质，成为受到广泛关注的研究热点。尤其是量子霍尔效应、狄拉克费米子及铁电和磁性等新颖的性质。

拓扑半金属凭借其独特的能带结构而展示出了许多新奇的物理现象，如手性反常，磁单极子及极大磁阻效应等，展现了极大的应用前景，受到科学界的广泛关注。拓扑节线半金属能带交叉点在布里渊区中形成闭合曲线环，节点线受额外的对称性的保护。能量交叉点均位于费米能级附近，由于材料的物理性质基本上都与费米面相关，改变能量交叉点的位置可以获得许多新的物态。材料的拓扑特性与对称性有着密切的关系，不同的拓扑材料受不同对称性的保护，对称性的破坏会导致新的量子态出现。拓扑节线半金属的自旋轨道耦合较弱，增强自旋轨道耦合的强度可以打开能隙，拓扑节点线被破坏而转变为拓扑绝缘体，也可能退简并为狄拉克金属或外尔半金属，这取决于自旋轨道耦合的强度。因此，深入研究拓扑节线半金属对拓扑量子材料领域的发展有着重要意义。通过外部压强调节拓扑节线半金属的自旋耦合强度、晶体对称性以及能带交叉点的位置，可以诱导拓扑相变和电子拓扑相变，进而获得许多新奇的物态。本书选用的研究对象 ZrSiSe 和 ZrSiTe 具有几乎理想的节线能带结构，属于层状拓扑节线半金属家族 ZrSiX。它们拥有金刚石棒状的费米表面态，其线性分散能量范围宽度高达约 2 eV，是已知拓扑节线半金属中最宽的。前人研究表明 ZrSiX 在外部刺激下往往表现出新颖的物理性质。例如温度诱导 ZrSiSe 发生 Lifshitz 相变，通过金属针尖点接触可以在 ZrSiS 中诱导出超导态等。高压作为一种调控材料结构和性质的手段，使材料在高压下展现出常压下无法得到的丰富的物性。因此，开展 ZrSiSe 和 ZrSiTe 的高压研究拓展对这一类层状拓扑半金属 ZrSiX 的认知。

铁磁材料是一种重要的量子凝聚态物质，其有序参数包括电极化、自旋极化和应变。通过外部因素的刺激可以实现可逆转换。例如在磁场的作用下，自旋极化可以在自旋向下和自旋向上之间转换；在电场的作用下，自发极化的方向可以逆转；在应力的作用下，结构应变可以转换成相反的方向。铁磁性材料在数据存储、传感器等高性能器件中有着潜在的应用前景。通过调控原子配比，元素种类甚至是层间、层内相互作用，设计和获得二维层状铁磁材料有望应用于量子计算、高频、存储器件，满足高度集成、超高速响应、低功耗等需求。高压是调控材料电子结构、原子间距，甚至是结构变化的有利手段，将高压与二维层状铁磁材料相结合能够深入认识二维层状铁磁材料的机制，有效地改变其铁磁性质，甚至实现材料的新奇特性，拓宽铁磁材料的应用前景。二维层状材料 $Cr_2Ge_2Te_6$ 是居里温度较高（约 61 K）的一种铁磁性半导体，其出色的性能在磁性和热电领域引起了极大关注。前人研究压强诱导 $Cr_2Ge_2Te_6$ 的磁性发生变化，但高压下结构的变化仍尚不清楚。为此，我们针对 $Cr_2Ge_2Te_6$ 的高压结构和电输运的性质开展了进一步的研究。该研究结果表明压强对 $Cr_2Ge_2Te_6$ 的结构和性质的调控有极大的影响，并为深入了解层状材料的高压研究提供了实验依据。

1.5 本书的研究内容

本书的主要内容分为 5 章：第 1 章为绪论，介绍了相关的层状材料的研究背景，并介绍了层状拓扑半金属和铁磁性材料的高压研究；第 2 章介绍了高压实验过程中所使用的高压设备以及高压技术；第 3 章介绍了层状拓扑节线半金属 ZrSiSe 在压强的作用下晶体结构和性质的变化，结合理论计算的能带结构的变化对性质的影响，并反映了层间作用对该材料的结构的影响；第 4 章介绍了层状拓扑节线半金属 ZrSiTe 在压强下晶体结构的变化，并通过高压低温电输运测试发现其中出现了超导态，可能与拓扑特性共存，高压 ZrSiTe 可以被视为拓扑超导体的候选者；第 5 章介绍了层状铁磁性材料 $Cr_2Ge_2Te_6$ 在压强的作用下晶体结构和性质的变化。作者期望通过对这类拓扑半金属以及层状材料在高压下产生的新奇现象，进一步加强对拓扑材料的全新的认知，在未来的量子器件的构造发挥重要的意义。

2 高压与低温电输运实验技术简介

高压科学是探究在极端压强下物质的微观结构和宏观性质变化的学科。在物理学中，压强作为一种重要的物理参量，可以有效调节原子间距离、相邻电子轨道耦合、原子间相互作用力等参数，进而导致材料的晶体结构、电子结构发生改变，达到新的平衡态，得到异于常压下的新结构和新性质。此外，高压（对材料施加高于大气压的压强）为人们提供了可控的研究物质在高压下结构或者性质变化的方法，这种方法既不会像掺杂引入杂质元素，也不会像磁场破坏反演对称性，是一个较为理想而高效的新方法。近年来，高压科学在材料、化学、地质等研究领域主要有两个方面的应用：新材料的合成，例如人造金刚石、氮化硼在高温高压下的合成；物质在压强下结构和性质的演变，例如常压下的半导体材料在高压下转变为金属相，半导体、半金属甚至绝缘体材料在高压下出现超导电性。由此可见，高压科学在交叉科学领域的发展起了重要的作用。

2.1 高压技术

高压实验技术逐步发展和完善对高压科学的研究有重要的意义。目前高压实验技术用于产生高压的方法分为两种：通过脉冲加载等方法瞬间释放能量进行压缩的动态高压和通过金刚石对顶砧或者大腔体压机等以静态压缩的方法进行压缩的静态高压。通常，动态高压通过瞬间施加高压而获得数十兆帕的压强，但只能维持较短的时间，是近似绝热的过程。相比动态高压，静态高压可以长时间获得稳定的压强，是等温的过程，可较好地控制。因此，静态高压可以通过同步辐射、拉曼、高压红外等仪器对样品进行不同压强下结构或者性质的测试。本书主要以静态高压实验技术来进行实验开展课题研究。静态高压是通过对样品表面施加均匀分布的机械力来获得的。最初，人们设计了活塞圆筒式压机进行高压科学的研究，但产生的压强不到 1 GPa。20 世纪初，Bridgman 等人提出布里奇曼对顶砧与活塞圆筒式压机相结合，压强可以达到 20 GPa 以上，使人们观察到固体材料在高压出现很多新奇的现象，取得了里程碑式的贡献。在 20 世纪中叶，Lawson 和 Tang 等人在对顶砧的基础上设计了金刚石对顶砧压机装置，而且可以使用这种压机进行高压 X 射线衍射、红外光学等实验测试，极大地推动了高压科学的发展。到了 20 世纪 70 年代，Mao 等人在金刚石上设计出倒角，并应用于金刚石对顶砧压机上，极大地提升了所获得的压强，可达到170 GPa。随后，通过对金刚石对顶砧压机的逐步完善，已经可以实现500 GPa的压强和6000 K的高温环境。最近，Dubrovinskaia等人进一步提升了所获得的压强，实现了1 TPa超高压强，这是目前在实验室中已知获得的最高压强值。目前，高压已经与同步辐射、拉曼、红外、电学、磁学等多种技术相结合来进行科学研究。在未来，高压科学将对人类科学事业的发展起到越来越重要的贡献。

2.2 金刚石对顶砧压机装置

金刚石对顶砧（DAC）压机是目前实验室中最常用产生静态高压的装置。其原理如图2-1所示，主要由金刚石压砧、垫片、托块、压机支撑外壳、螺丝柱等部分组成。其中，压机支撑外壳用于限定金刚石的轴向运动。托块用来固定金刚石，并将轴向压强传至金刚石上，一般选用氮化硼、碳化物等硬质材料。金刚石压砧作为DAC的核心部件，对测试的样品进行加压。封垫材料位于两个金刚石中间，可以起到支撑作用，此外，在封垫材料上金刚石预压留下的凹槽中心打一个圆孔，可以用作样品腔。样品、传压介质和标压材料一同放入样品腔中。通过转动螺丝柱挤压金刚石压砧产生轴向压强，传导至样品腔形成压强，对样品进行压缩。

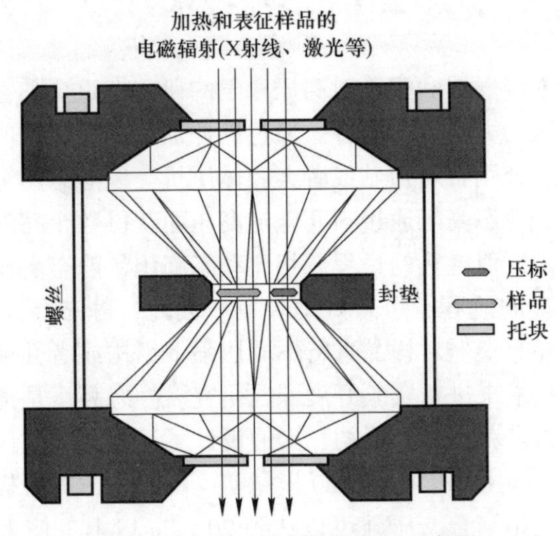

图2-1 金刚石对顶砧装置的示意图

2.2.1 金刚石压砧

金刚石压砧作为DAC的核心部件，一般采用低荧光强度、低折射率的宝石级的金刚石。众所周知，金刚石具有高硬度、高导热率等性质，可以确保在等温环境中产生一定的压强进行实验，也具有极佳的光学透射性以用作优异的光学窗口，使 DAC 可以与 X 射线衍射、红外反射/吸收光谱、拉曼光谱等测试手段相结合对样品进行原位高压实验。此外，压砧砧面大小的设计决定了所产生的压强的最高点。一般来说，压砧砧面越小所产生的压强极限越大，通常选用砧面直径为 50~1000 μm 的金刚石。与此同时，人们通过在砧面和侧棱之间采用倒角技术，可以在加压过程中得到更加均匀的轴向应力，进一步提高了压强极限值。

2.2.2　DAC 装置类型

在过去的几十年的发展中，人们设计出多种不同类型的 DAC 装置用来满足不同的实验需求。如图 2-2 所示，主要有以下常用的 DAC 装置：活塞套筒式 DAC、导向柱式 DAC、十字型 DAC 等；此外，也开发出几种不同的加压方式(图 2-3)。

(a)　(b)　(c)　(d)

图 2-2　几种常见的 DAC 装置

(a) 套筒对称式 DAC；(b) 十字型 DAC；(c) 导向柱式 DAC；(d) 全景式 DAC

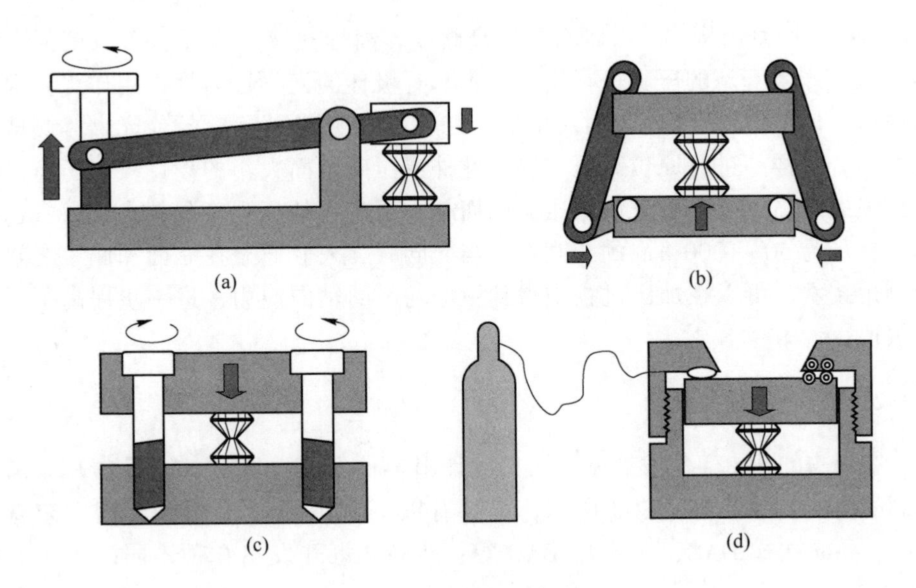

图 2-3 几种常见的加压方式

(a) 单杠杆臂加压；(b) 双杠杆臂加压；(c) 螺栓加压；(d) 气膜加压

2.2.3 封垫材料

最初的高压实验中，并没有封垫材料的存在，是由两个压砧直接对样品进行加压，又因为压强梯度的原因，金刚石中心的压强高于边缘，在加压过程中容易使样品脱离砧面，且使两个金刚石砧面直接接触，经常导致金刚石的损坏。1962 年，Van Vakenbourg 等人首次将封垫材料引入高压实验，使用 DAC 将一小块金属片预压缩使金属片中心形成砧面大小的凹槽，边缘隆起形成环状凸起，不仅可以避免金刚石砧面直接接触导致损坏，而且起到密封作用。在凹槽的中心钻一个小孔作为放置样品的样品腔，一般是凹槽的 1/2 或 1/3 大小。至此，样品不再局限于固体，拓展到液体和气体。封垫材料的引入减轻了样品在样品腔中受到的压强梯度的影响，接近于静水压条件。因此，封垫材料的引入具有重要的意义。在实验中封垫材料不能与样品以及传压介质发生化学反应，而且需要有良好的延展性和阻尼系数，一般选用 T301 不锈钢、铼、钨等金属。随着高压科学的不断发展，对实验方法的要求更加严格。例如在高压电学的实验中，由于金属垫片的导电性会导致实验失败，需要在金属垫片上铺绝缘层将电极和金属垫片隔离开以达到绝缘作用。通常选择氧化铝、立方氮化硼、氧化镁作为绝缘层材料。在高压磁学或磁电的实验中，不仅需要绝缘层，金属垫片也需选用铼片，防止对实验结果有影响。几种常见的封垫材料见表 2-1。

表 2-1 各类封垫材料的材质及特点

封垫材料的材质	特　　点
T301 不锈钢	价格便宜，易形变，适用于低于 100 GPa 以下的实验
钨	硬度比 T301 不锈钢大，液氮温度以下易碎裂
铼	硬度比钨大，适用于 100 GPa 以上实验以及磁学实验
立方氮化硼	硬度高，绝缘性好，适用于电学实验
铍	有较好的穿透性，适用于低压实验

2.2.4 压强标定

在高压科学发展的早期，如何标定样品腔的样品受到的压强是令人们困扰的问题。由于金刚石对顶砧的样品腔大小是微米级，且有极高的压强，通过压强仪表直接标定样品所受的压强并不适用在 DAC 装置上。通过之前的原理图，了解到 DAC 允许光的接入，可以利用特殊的标压材料随着压强增加体现的特定（如荧光、晶面间距）规律性变化，间接地标定压强。常用的 DAC 间接标定法有三种：矿物相变法、状态方程法和光谱法。

（1）矿物相变法。由于某些矿物的高压相变曲线已知，通过观察这种物质在当前压强下的状态侧面地反映压强值。相变法主要应用于大腔体压机。另外，这种方法只能标定所选择的标压材料对应的相变点，不能连续标定压强或者标定实验所需的特定压强。

（2）状态方程法。状态方程法指利用标压物质在压强下的已知状态方程曲线（*P-V-T* 曲线），计算出样品腔内的压强。所选用的标压物质需要晶体结构简单、化学稳定性强、谱线窄且不与样品或者传压介质发生化学反应，例如金、铂、钨等。

（3）光谱法。目前光谱法标定是最为简单有效的，也是在高压实验中使用最为广泛的方法。由于标压物质对压强的变化较为敏感，根据压强下其光谱特征的变化规律进而标定样品腔内的压强值。通常选用发光强度大、荧光的频率对压强变化敏感的荧光材料。红宝石（Cr 掺杂的刚玉）由于其荧光信号强而广泛地应用于高压实验中。如图 2-4 所示，红宝石在激光的激发下，出现两个荧光峰（R_1 峰和 R_2 峰），分别位于 694.2 nm 和 693.7 nm。一般来说，选用较强的 R_1 荧光峰，观察其在压强下峰位的偏移量，计算的压强 p（GPa）为

$$p = 380.8 \times \left[\left(\frac{\Delta\lambda}{6942} + 1\right)^5 - 1\right] \tag{2-1}$$

式中，$\Delta\lambda$ 为 R_1 荧光峰的峰位在高压下的位移偏移量。尽管红宝石标压法操作简单方便，但在较高压强环境下，R_1 和 R_2 荧光峰发生重合且强度大幅下降，对于压强标定出现误差。

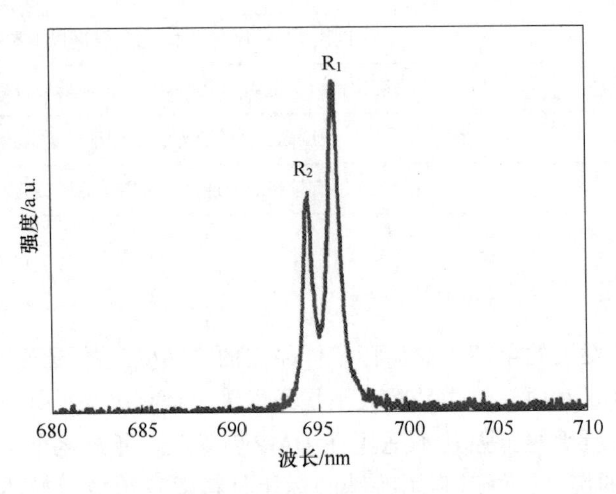

图 2-4 红宝石的荧光峰

与此同时，压强达到 100 GPa 以上的实验中，样品腔的直径小于 20 μm，难以通过红宝石标压。在高压或者超高压的实验中，可以通过观察 DAC 装置中的金刚石的拉曼峰，对在压强下峰位的移动进行标压，相比于红宝石标压法，更为方便和准确。

2.2.5 传压介质

在高压实验中，样品所处的压强环境十分重要，理想的压强环境为各向同性的静水压环境。通过上文提到的 DAC 原理可知，金刚石对顶砧仅沿轴向进行单轴加压，样品腔内部由于压强梯度的影响所受的压强分布不均匀。传压介质的使用可以减少压强梯度的影响，使样品所受压强更加均匀，处于接近静水压或准静水压的环境中。一般来说，传压介质作为压强传递的媒介需要具有以下几点要求：化学性质稳定、传压性好、绝热或者绝缘性好、不影响测试信号、扩散性和渗透率低、易操作、价格低廉。根据不同的实验条件和要求，可以选择不同的物理状态：固态、液态以及气态。其中，虽然固态传压介质在操作性和价格方面具有一定优势，但其具有非零剪切强度会导致在高压下产生非静水压。气态传压介质和液态传压介质具有良好的静水性。但是气态传压介质需要进行液化处理后进行封装，操作较为复杂，且不利于低压下的实验测试。液态传压介质操作简单，价格低廉，但是不利于高压电阻以及磁学实验测试。几种常见的气态和液态传压介质的固化压强点和静水压范围见表 2-2。

表 2-2 几种常见的气态和液态传压介质的固化压强点和静水压范围

传压介质	固化压强/GPa	静水压范围/GPa
硅油	1.5	12
甲乙醇	10.4	20
甲乙醇水	14.6	20
氢气	5.7	>60
氦气	12.1	>60
氩气	1.5	10
氮气	2.4	13

2.3 高压同步辐射 X 射线衍射测试

在同步加速器中，电子或质子以接近光速在磁场的作用下做变向运动，沿当前的运动轨道切线方向释放电磁波，这种现象叫做同步辐射。在高压实验中，样品需要放入 DAC 中，且由于样品腔的尺寸局限，样品量很少，同时，金刚石压砧会进一步减弱测试信号，这样会导致常规的 XRD 测试仪器无法测得高质量的谱线。同步辐射具有多种优点，如表 2-3 所示，在物理、化学、材料等科学领域具有广泛的应用。因此，它的出现对于探索高压实验中晶体结构至关重要。同步辐射已经经历了从第一代光源到第三代光源的高速发展。衍射光斑达到了微米级，且具有超高的亮度可以确保样品有足够强的衍射信号。然而随着科学技术的不断发展以及高压实验的复杂需求，目前的光源已经渐渐无法满足需求，因此，已经筹备建立第四代光源了。

表 2-3 同步辐射光源的优点

亮度高	其亮度是常规 X 射线的上亿倍
光谱宽	可产生红外-可见-紫外和 X 射线波段光谱，可选用单一波长
高准直	同步辐射的发射角度极小，可高于激光
脉冲窄	脉冲间隔为纳秒级、并在 $10^{-8} \sim 10^{-10}$ 范围内可调
相干性好	电子处于真空环境，没有杂质光源干扰

晶体结构内的原子周期性排布，可以分为若干族平行的间距相等的镜面。当 X 射线穿过金刚石压砧照射到样品上，由于不同晶面内原子的散射且衍射射线相互干涉，在探测器上形成衍射谱，并遵循布拉格方程 $2d\sin\theta = n\lambda$。通过所测得的

衍射峰角度可以计算出晶面间距。

对于未知晶体结构的样品的高压相，通常需要拟合 XRD 谱线以进行精修分析，目前常用的精修方法包括通过已知 XRD 数据库中谱线数据与实验数据进行对比拟合以及直接对实验数据进行拟合分析得到晶格参数，例如 Rietveld 精修、Le Bail 精修等。常用的精修软件有 GSAS、Jade、Fullprof、RIETAN 等。

2.4 高压拉曼光谱测试

拉曼光谱（Raman spectrum）是通过探究物质内部分子振动来分析物质结构的散射光谱。当物质被特定波长的激光照射时，入射光中的光子与物质的分子相互作用形成光散射。其中，大部分频率与入射光频率相同，发生弹性散射的光散射，被称为瑞利（Rayleigh）散射；部分频率不同于入射光频率，发生非弹性的光散射，被称为拉曼散射。一般来说，当物质被入射光照射吸收光子后，处于基态的振动能级跃迁到高能级，在这个过程中发生能量交换，无法恢复到初始基态，那么会发生拉曼散射。由于拉曼散射的分子振动能级与入射光光子频率不同，可分为斯托克斯（Stokes）拉曼散射和反斯托克斯（anti-Stokes）拉曼散射，如图 2-5 所示。探测器中采集到的散射谱线是散射光子通过傅里叶变换得到的光强度与入射光频率差的函数关系。根据拉曼光谱中频率、半峰宽、峰强等参数最终分析出物质结构等信息。在高压科学的发展中，人们利用拉曼光谱测试高压下样品的结构信息，并实现高压原位拉曼光谱测试，这成为目前高压测试中重要的测试手段之一。图 2-6 中的拉曼光谱仪为本书使用的 Renishaw inVia 光谱仪。通过共聚焦显微镜，将入射激光聚焦在 DAC 样品腔中的样品，即为高压实验所需要高压原位拉曼光谱测试。

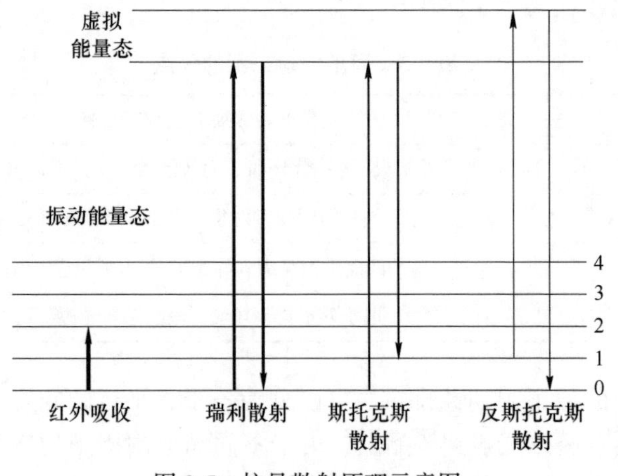

图 2-5 拉曼散射原理示意图

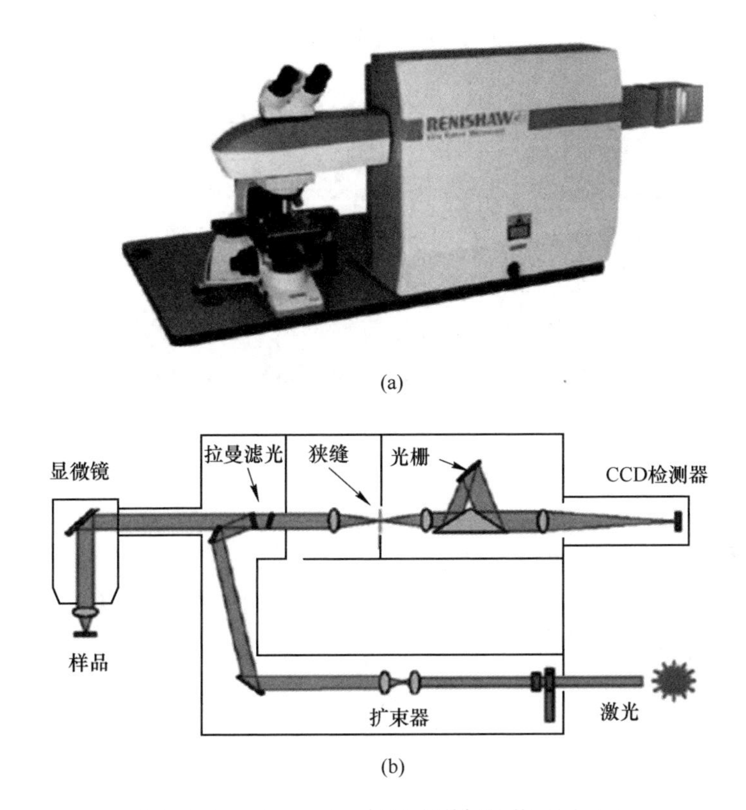

图 2-6 Renishaw inVia 拉曼光谱仪的装置图（a）与内部光路原理图（b）

2.5 高压红外光谱测试

红外光谱是指物质内部分子吸收了与其频率一致的红外光导致振动或转动能级发生跃迁。由于分子内的化学键或官能团频率不同，只有满足能级跃迁的条件，才能吸收相应的红外光，在红外光谱中的位置有区别，因此，红外光谱可以探测物质分子振动和转动信息，并与拉曼光谱相互补充得到更加准确的实验结果。

图 2-7 为本文所使用的 Bruker Vertex 80v 光谱仪。红外光谱的波长分为 3 个波段：近红外光谱（14000~4000 cm^{-1}）、中红外光谱（4000~400 cm^{-1}）、远红外光谱（400~10 cm^{-1}）。根据实验要求不同，可以测量样品的红外吸收、反射、透射的相关信息。将高压实验与红外光谱相结合，不仅可以研究物质在高压下结构和性质的演化，还可以研究载流子浓度在高压下的变化和金属化现象。值得注意的是，由于水具有很强的红外吸收，在测试过程中对实验结果产生很大的影

响，因此在进行测试时，样品需要保持干燥。

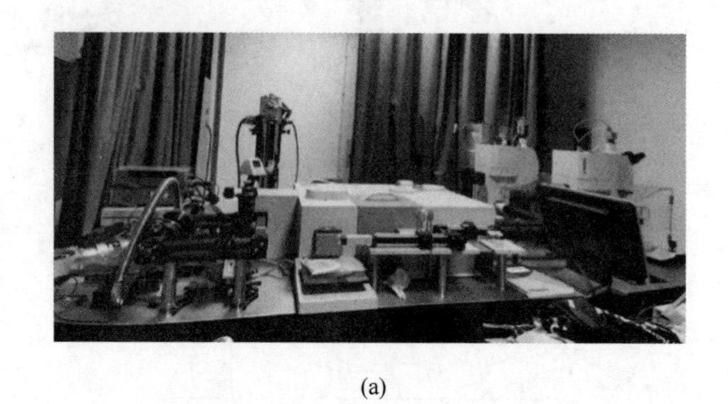

(a)

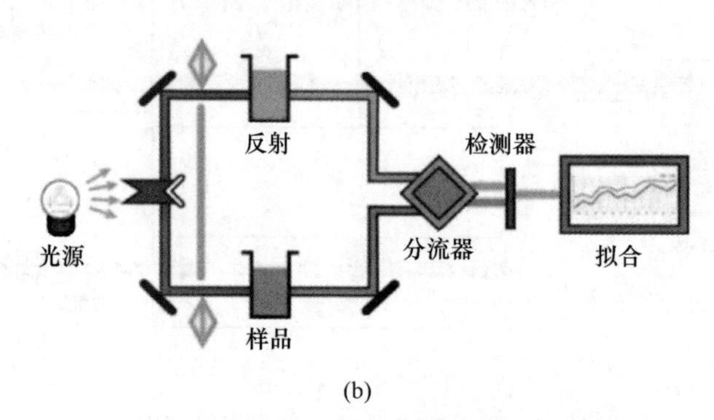

(b)

图 2-7 Bruker Vertex 80v 型红外光谱仪的
装置图（a）和工作原理图（b）

2.6 高压电输运测试

高压下电输运测试可以探索物质在高压下电荷转移、超导等电学性质，在当前高压科学研究中具有重要意义。就目前来说，电阻测量技术和 DAC 装置结合已经相当成熟，常用的方法是四电极测试法。它是通过四探针法改进而来，适用于 DAC 装置中的样品腔，仅需要样品等厚和均匀以便能获得更加精准的电阻结果，对于样品的几何形状没有特殊要求。

四电极法最早源于 Van der pauw 等人用于测量任意几何形状样品电阻的实验。相较于其他方法，四电极法可以减少样品与电极的接触以及电阻与导线的结点电极的干扰而得到更加精准的数据。图 2-8 为测试原理图，电流从电极 A、B 端流入，电极 C、D 端测量其电压，在测试过程中，样品的厚度大小、质量均匀平滑等问题依然会产生系统性误差，为了进一步减少误差，通常再次将电流从电极 C、D 端流入，电极 A、B 端测量其电压，然后获得电阻，最后取平均值为最终电阻。

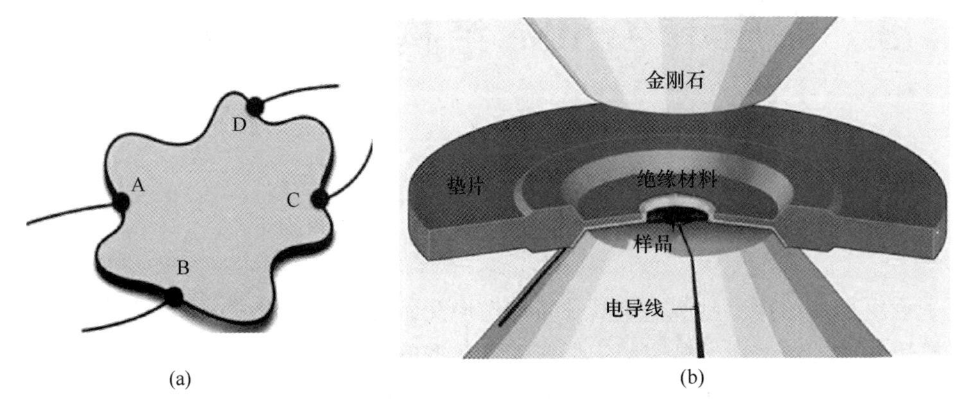

图 2-8 任意形状的四电极测量示意图（a）和原位高压电阻测试示意图（b）

3 高压下 ZrSiSe 结构和性质的研究

3.1 研究背景

近年来，拓扑半金属由于其独特的性质受到科研界的极大关注。拓扑半金属具有拓扑量子态，在三维空间中形成线性色散的狄拉克锥能带结构，拥有费米弧表面态。狄拉克半金属和外尔半金属在费米能级附近具有对称性保护的零维能带结构，这导致了双重或四重离散带简并点。对于节线半金属，能带交叉点在动量（k）空间中扩展到一维能带的闭合曲线，受多种对称性的保护，例如镜面反射、时间反转或自旋旋转对称性。并且节线半金属表现出各种奇异的特性，例如，独特的朗道能级、长程库仑相互作用和奇异的鼓面表面状态。

最近，拓扑节线半金属成为了拓扑领域的研究热点，$PbTaSe_2$、MB_2(M = Ti，Zr）和 ZrSiX(X = S，Se，Te）等已经在实验上被证实具有拓扑节线半金属特性，例如，拓扑节线半金属家族 ZrSiX 属于层状材料，由交替的 ZrX 和 Si 层组成，相对于 Si 层具有滑动镜面对称性。其中，ZrSiS 作为节线半金属家族 ZrSiX 的成员，具有近乎理想的节线能带结构，其电子能带结构具有多个金刚石状费米表面态。费米面附近的不同能量位置上具有多个能带交叉点形成节点线，受非中心对称性的保护。费米面周围的色散关系呈线性，并拓展至相当宽的能量范围（约 2 eV)，超过已知的拓扑节线半金属。ZrSiS 也具有一些新奇的性质，如不寻常的表面浮动带和稳固的输运、电子相关性增强。据推测其同构化合物 ZrSiSe 和 ZrSiTe 也具有这些性质。由于原子半径增加，用 Se 和 Te 原子代替 S 原子可能导致层间结合能降低，电子结构也有一些微妙但重要的差异。与 ZrSiS 类似，ZrSiSe 的电子结构表现出三维费米面结构，且具有一些可以穿过费米能级的微小带。在 ZrSiSe 中观察到拓扑保护的表面状态，与体带连接在一起，这些特征通过调整一些外部参数（如温度）可以实现 Lifshitz 转变。此外，第一性原理计算预测了自旋轨道耦合的能带（20～60 meV）可能破坏节点线结构。考虑到相关的相互作用，节点线结构会变得不稳定，可能出现相关的节点线不稳定性，如质量增强效应、激子绝缘体、电荷或自旋密度波等。

破坏时间反演对称性或晶体旋转对称性可以使拓扑半金属表现出多种具有新物理性质的新量子态。压强作为一种在不引入杂质的情况下调整常规材料和拓扑材料的晶体结构和物理性质的有效方法，可以避免对研究产生额外的影响。在 ZrSiX 家族中，晶格动力学和电声耦合计算表明 ZrSiS 在 3.7 GPa 和 18.7 GPa 时经历了两个结构相变。高压 Shubnikov-de Haas 测试研究观察到 ZrSiS 中压强可以诱导拓扑量子相变。最近，对 ZrSiSe 进行不同温度下电输运和 STM 测试表明分别在 80 K 和 106 K 处出现了两次温度诱导的 Lifshitz 相变。此外，应变可以有效地调整 ZrSiSe 的节点线位置和能带结构。然而，仍然缺乏压强对 ZrSiSe 结构和性能的研究，因此，利用压强对于探索其高压行为具有重要的意义。

3.2 实验过程及理论方法

3.2.1 样品的合成

单晶 ZrSiSe 是采用化学气相传输法分两个步骤生长合成的。首先，将起始元素材料 Zr(Alfa Aesar，99.9%)、Si(Alfa Aesar，99.9%) 和 Se(Alfa Aesar，99.9%) 按照化学计量比均匀混合。然后，将混合物与作为传输剂的碘（5 mg/cm^3）一起放入真空石英管中，进行密封处理。通过双区梯度炉对石英管进行加热且速率为 2 ℃/min，热端和冷端的温度分别升温至 1100 ℃和 1000 ℃，经过 72 h 的生长，自然冷却，在冷端即可得到金属光泽的高质量片状 ZrSiSe 单晶。整个实验在氩气环境中进行。采用 MicroMax-007HF（Rigaku）型粉末衍射仪（XRD，CuKα，1.5418×10^{-10} m）表征了样品 ZrSiSe 的晶体结构。

3.2.2 高压实验和理论计算

本次实验所使用的加压装置均为砧面为 400 μm 的 Mao-Bell 型金刚石对顶砧，在 T301 不锈钢垫片的中心钻一个直径约为 130 μm 的小孔作为样品腔，红宝石作为标压物质和样品一起放入样品腔。对于高压 XRD 和拉曼实验，甲醇和乙醇（4：1）作为提供静水压的传压介质，对于高压红外实验，则使用溴化钾（KBr）为传压介质。在北京同步辐射光源（BSRF）的 4W2 光束线（入射光束波长为 0.6199×10^{-10} m）上进行的高压 XRD 实验。利用 Dioptas 软件对所测得的衍射环进行积分得到 XRD 谱线，使用 GSAS 软件处理得到晶格参数。高压原位拉曼实验是利用波长为 532 nm 的 Renishaw inVia 微型拉曼光谱仪测试的。在 Bruker Vertex 80v 型傅里叶变换红外分析仪（FTIR）下采集的高压 IR 数据，在不同压强下分别测量样品-金刚石界面和空气-金刚石界面的反射光谱。通过消除空气-金刚石界面的影响来归一化样品光谱。样品的光电导是利用 RefFIT 软件通过 Drude-Lorentz 拟合而获得的。高压电输运测试是在原位低温多功能电磁学测量系统（2.6~300 K，JANIS Research Company Inc.）上利用四电极法进行的。封垫材料使用的铼片，经过预压缩出凹槽，激光打孔出一个 240 μm 左右的小孔，将立方 BN/环氧树脂的混合物填充进去且压实作为绝缘层，再次打出一个 100 μm 的小孔作为样品腔，KBr 被用作传压介质为样品提供准静水压环境，最后在绝缘层上布置铂电极。所有实验均在室温下进行。

通过基于密度泛函理论（DFT）的 Vienna Ab-initio Simulation Package（VASP）计算了 ZrSiSe 的电子结构，在计算过程中考虑到相关的自旋轨道耦合效应。使用广义梯度近似（GGA）函数来计算优化的几何结构。能量截断能设置为 600 eV，Monkhorst-Pack k 点网格使用 15×15×6。

3.3 实验结果和讨论

通过微区 X 射线衍射仪（MicroMax-007HF，$\lambda = 1.5418\times10^{-10}$ m）对常压合成的样品的晶体结构进行表征。如图 3-1 所示，ZrSiSe 在常压下的 XRD 图谱与之前的文献相吻合，样品是四方晶系结构，空间群为 P_4/nmm，且没有多余的杂峰，说明合成的样品具有良好的结晶度且没有杂质原子。

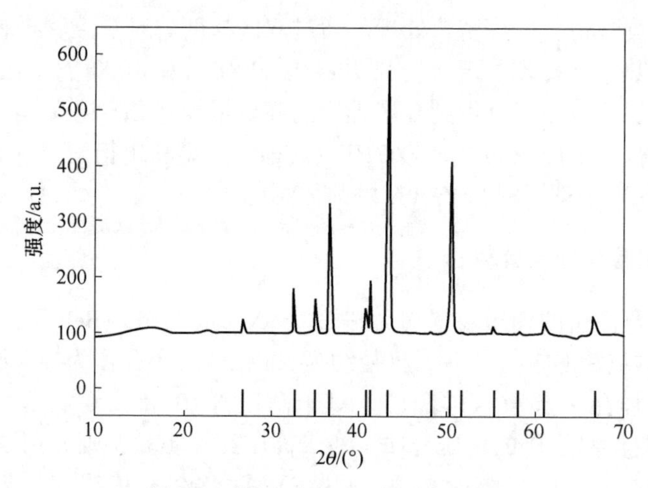

图 3-1 常压下 ZrSiSe 的 XRD 图谱

3.3.1 ZrSiSe 的高压 XRD 研究

图 3-2 显示出 ZrSiSe 的高压 XRD 图谱，最高压强为 45.4 GPa。在低压区，布拉格衍射峰与四方相（P_4/nmm）相匹配。随着压强逐渐增加，由于晶格的收缩，所有的衍射峰逐渐向高角度移动且这些衍射峰的峰强也逐渐减弱。压强低于 13.5 GPa，除了峰位的移动，可以观察到一些衍射峰发生了细微的变化，例如初始结构的（103）面的衍射峰在 5.5 GPa 突然减弱。尽管如此，并没有新的衍射峰出现，意味着样品在这个压强范围内并未发生晶体结构对称性的破坏和新相的

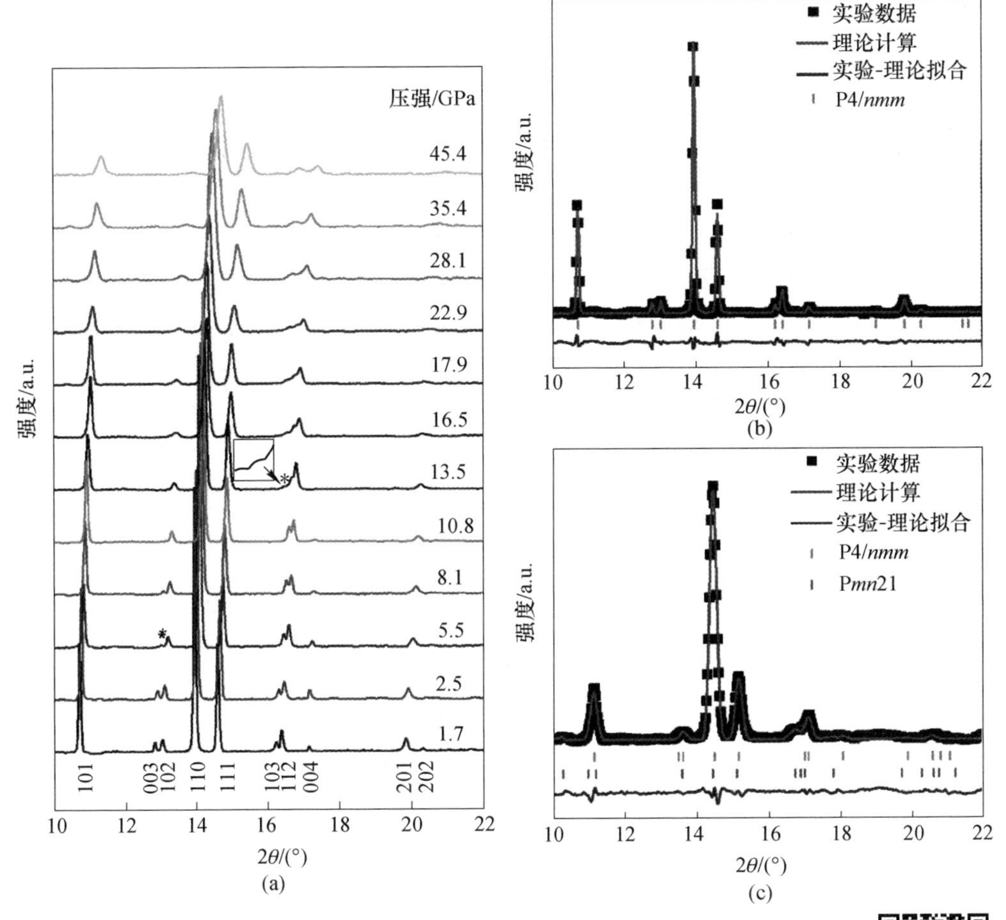

图 3-2 ZrSiSe 的高压晶体结构变化图谱

（a）在选定的压强下 ZrSiSe 的 XRD 图谱；

（b）1.7 GPa 下 XRD 曲线的 Rietveld 精修（$R_{wp}=7.3\%$和 $R_p=5.2\%$）；

（c）28.1 GPa 下 XRD 曲线的 Rietveld 精修（$R_{wp}=6.9\%$和 $R_p=4.9\%$）

图 3-2 彩图

出现。加压至 13.5 GPa，在 XRD 谱线上观察到一个不属于四方相的衍射峰（用＊标记），这个新的衍射峰的峰强随着压强的增加而增加，与此同时，属于初始结构（003）面的衍射峰消失，说明代表相邻层之间距离的（003）面的衍射峰更易压缩，也就是说层间相互作用增强。而初始结构的其他的衍射峰的压强系数出现不连续变化，意味着发生了从起始的四方相向高压新相的结构相变。通过 CALYPSO（粒子群优化晶体结构分析）软件对高压新相进行理论预测，预测高压新相为正交相（Pmn21）。图 3-2(b) 和（c）显示了 1.7 GPa 和 28.1 GPa 的 XRD 图谱的 Rietveld 精修。理论模式与实验数据的完美匹配说明高压新相可能属于 Pmn21 结构。根据之前对类似的层状材料在压强下的研究的报道，我们认为压强诱导的结构相变与初始的四方相的晶格畸变和堆垛层错有关。继续加压，除了峰位和峰强的连续变化，没有发现其他的新变化。因此，我们认为初始的四方晶相在 13. 5 GPa 开始向正交晶相的转变，直到 45. 4 GPa 仍未完成结构相变。通过 GSAS 软件对 ZrSiSe 进行精修分析得到晶格参数和体积。如图 3-3(b) 所示，使用 Birch-Murnaghan EOS 拟合压强-体积数据，其中 B_0、B'_0和 V_0 分别是体积模量、导数模量和体积。其结果为：$V_0 = 110\times10^{-10}$ m，$B_0 = 80$ GPa，$B'_0 = 16$ GPa。图 3-3(a) 显示了 c/a 轴向比随压强变化的曲线，说明 c 轴方向比 a、b 轴方向具有更高的可压缩性，层间相互作用增强。与此同时，在 5. 5 GPa 观察到 c/a 出现明显的异常，但体积没有任何的不连续变化。这一现象与其他的拓扑材料在压强条件下出现的等结构相变相似。因此，我们认为 ZrSiSe 在 5. 5 GPa 和 13. 5 GPa 处分别经历了等结构相变和结构相变。

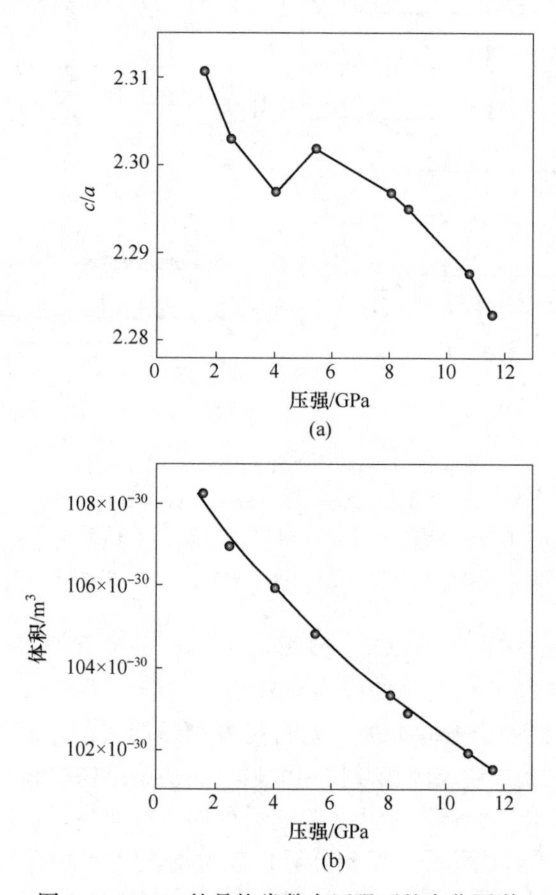

图 3-3 ZrSiSe 的晶格常数在压强下的变化图谱

(a) 晶格常数比 (c/a) 随压强的变化曲线；(b) 体积随压强的变化曲线

3.3.2 ZrSiSe 的高压拉曼研究

为了进一步研究晶格结构的变化，对 ZrSiSe 进行了高压拉曼研究。群论分析预测了 ZrSiSe 的拉曼振动模式，表示为：

$$\Gamma = 2A_{1g} + 2A_{2u} + 3E_g + 2E_u + B_{1g} \tag{3-1}$$

式中，$2A_{1g}$、B_{1g} 和 $3E_g$ 振动模式为拉曼活性振动；$2A_{2u}$ 和 $2E_u$ 为红外振动。图 3-4(a) 显示了 ZrSiSe 在高达 39.8 GPa 的压强下的拉曼光谱的变化图谱。低压强区，分别在 155.8 cm^{-1}、240.0 cm^{-1} 和 315.5 cm^{-1} 观察到$^1A_{1g}$、$^2A_{1g}$ 和 B_{1g} 拉曼振动峰，这与之前的预测一致。其中，$^2A_{1g}$ 振动峰属于层间 Zr 原子和 Se 原子的相对振动，B_{1g} 振动峰属于层内 Zr 原子和 Se 原子的平面振动。如图 3-4(a) 所示，随着压强的增加，所有的拉曼振动峰发生红移且峰强减弱，同时，非静水压的作用导致声子模逐渐宽化。图 3-4(b) 显示了$^1A_{1g}$、$^2A_{1g}$ 和 B_{1g} 振动峰的压强系数。根据压强系数的异常变化表明 ZrSiSe 在 5.3 GPa 和 14.3 GPa 处经历了两次变化。在初始阶段，$^1A_{1g}$、$^2A_{1g}$ 和 B_{1g} 振动峰发生红移。直至 5.3 GPa，三个振动峰的压强

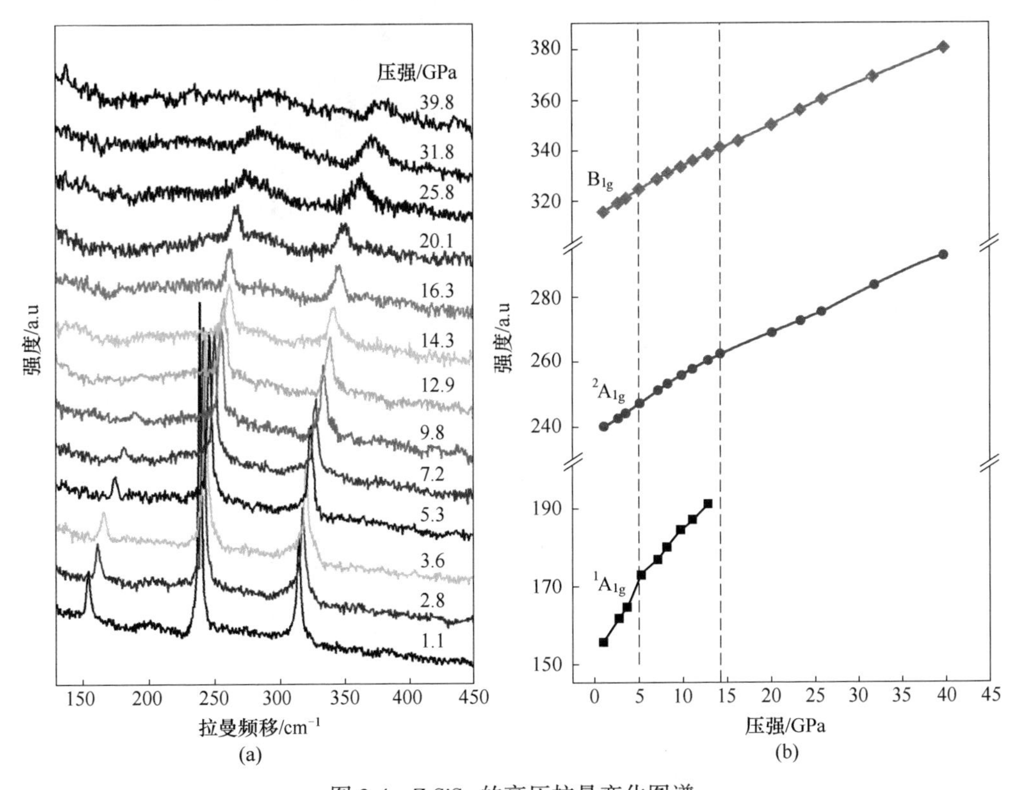

图 3-4 ZrSiSe 的高压拉曼变化图谱

(a) ZrSiSe 在不同压强下的拉曼图谱；

(b) 对应于$^1A_{1g}$、$^2A_{1g}$ 和 B_{1g} 拉曼峰的峰位随压强的变化曲线

系数出现明显异常，这可能是由于电子态的调整而发生电子跃迁。此外，由于$^{1}A_{1g}$振动峰涉及层间 Zr 和 Se 原子的相对运动，其对外部刺激引起的层间相互作用非常敏感。$^{1}A_{1g}$振动峰的斜率大于其他振动峰的斜率，意味着层间相互作用明显增强。当压强达到 14.3 GPa，$^{2}A_{1g}$ 和 B_{1g} 振动峰的斜率发生不连续变化以及$^{1}A_{1g}$ 振动峰消失，这是由结构相变所导致的。在一些拓扑量子材料中，压强引起的拉曼振动峰的异常与电子跃迁有关。这些拉曼测试的研究结果与上述 XRD 结果一致。

3.3.3 ZrSiSe 的高压红外反射研究

图 3-5(a) 和 (b) 显示了 ZrSiSe 在不同压强下的反射光谱。由于金刚石的反射光谱在 1800~2700 cm^{-1} 之间具有很强的吸收能力从而导致较大的误差，因此，将该范围内的数据截断。如图 3-5(a) 和 (b) 所示，反射光谱在低压下呈现金属性，这与之前报道的结果完全一致。在加压过程中，样品一直保持金属

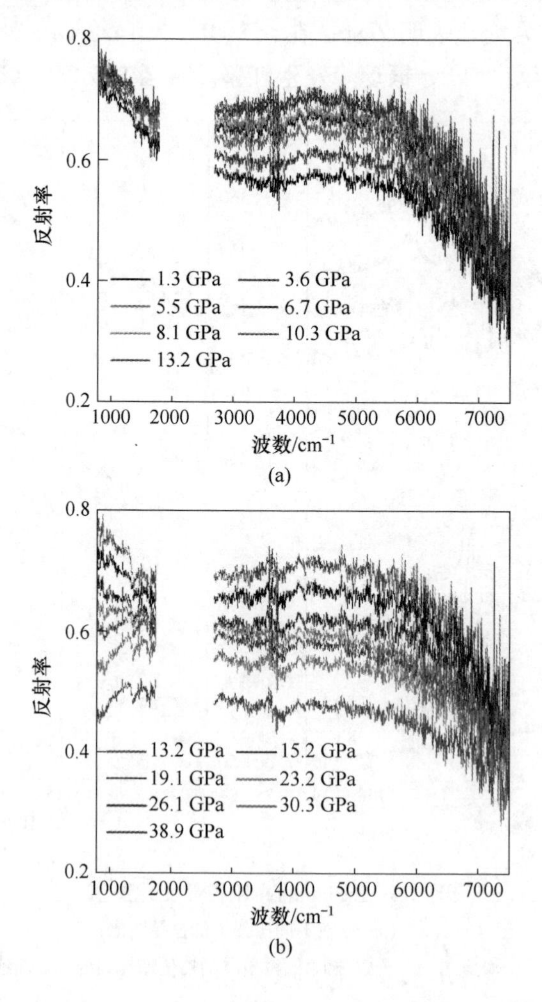

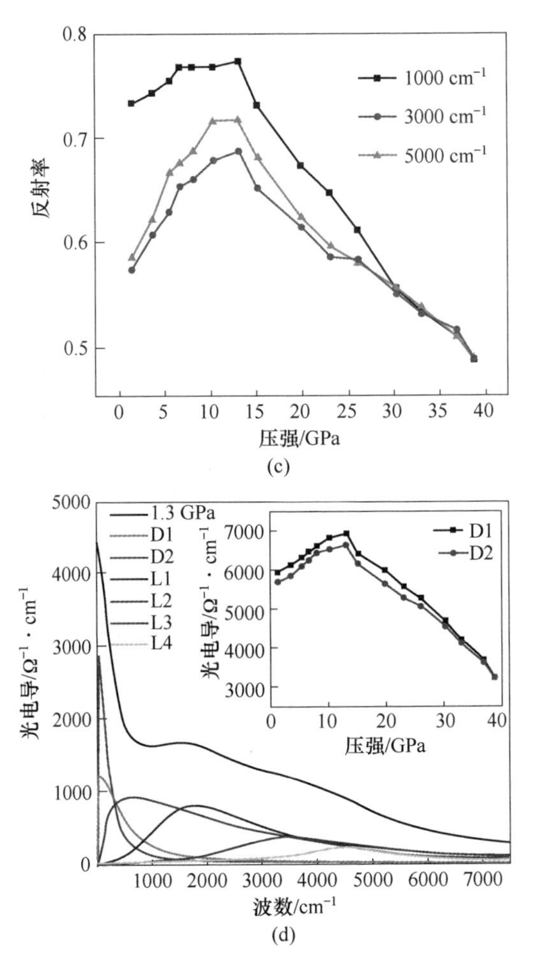

图 3-5 ZrSiSe 的高压反射变化图谱

(a) 和 (b) ZrSiSe 在不同压强下的红外反射图谱；

(c) 反射率在1000 cm^{-1} 、3000 cm^{-1} 和5000 cm^{-1} 处随压强的变化曲线；

(d) ZrSiSe 在 1.3 GPa 的光电导曲线及拟合的 2 个 Drude(D) 峰和 4 个 Lorentz(L) 峰曲线（插图是 Drude1(D1) 峰和 Drude2(D2) 峰随压强的变化曲线）

图 3-5 彩图

性。为了方便进一步研究，选取了 1000 cm^{-1} 、3000 cm^{-1} 和 5000 cm^{-1} 三个波数的反射率来观察其在高压下的变化，发现通过曲线的不连续变化可以将整个压强范围分成三个压强区间。如图 3-5(c) 所示，压强低于 5.5 GPa，反射率曲线整体逐渐增加，压强在 5.5~13.2 GPa 区间，反射率发生异常，低频区域的反射率以较为缓慢的速率增加，高频区域的反射率的增加速率与之前的速率相比变化不大，这是电子跃迁导致的。高于 13.2 GPa，反射率发生转折而逐渐降低，这与高压新相的出现有关。为了进一步分析红外反射数据，通过 Drude-Lorentz 模型拟合反射率的数据来描述压强下的光电导，基于 Kramers-Kronig 函数关系得到光电导的实部。如图 3-5(d) 所示，ZrSiSe 的光电导由两个代表金属特性 Drude 峰和 4 个代表束缚电子跃迁或晶格振动的 Lorentz 峰组成。其中 Drude 峰与载流子的浓度有关，Drude 峰的强度越高表明载流子的浓度越大，图 3-5(d) 的插图表明，压强下载流子浓度变化与反射率具有相似的趋势，呈现先增加后减少的趋势。

3.3.4 ZrSiSe 的高压低温电输运研究

为了研究压强对电学性质的影响，通过四电极法测量了 ZrSiSe 在高压下的电阻随温度的变化关系。图 3-6(a) 是 1.9～44.7 GPa 条件下电阻随温度的变化曲线。初始压强为 1.9 GPa 的电阻呈现金属性，这与之前的研究结果一致。并且通过电阻曲线可以明显看出样品在整个加压过程中仍然保持金属性，这与红外反射的结果一致。为了方便研究，选取了 2.8 K 和 300 K 下电阻随压强的变化曲线。如图 3-6(b) 所示，随着压强的增大，2.8 K 和 300 K 的电阻会快速减小，加压至 5.3 GPa，电阻变化出现异常而缓慢减小，这与等结构电子相变有关。在 12.2 GPa，电阻达到最低点，随后发生转折而迅速增加，保持到本实验的最高压强，这是由结构相变所导致的。

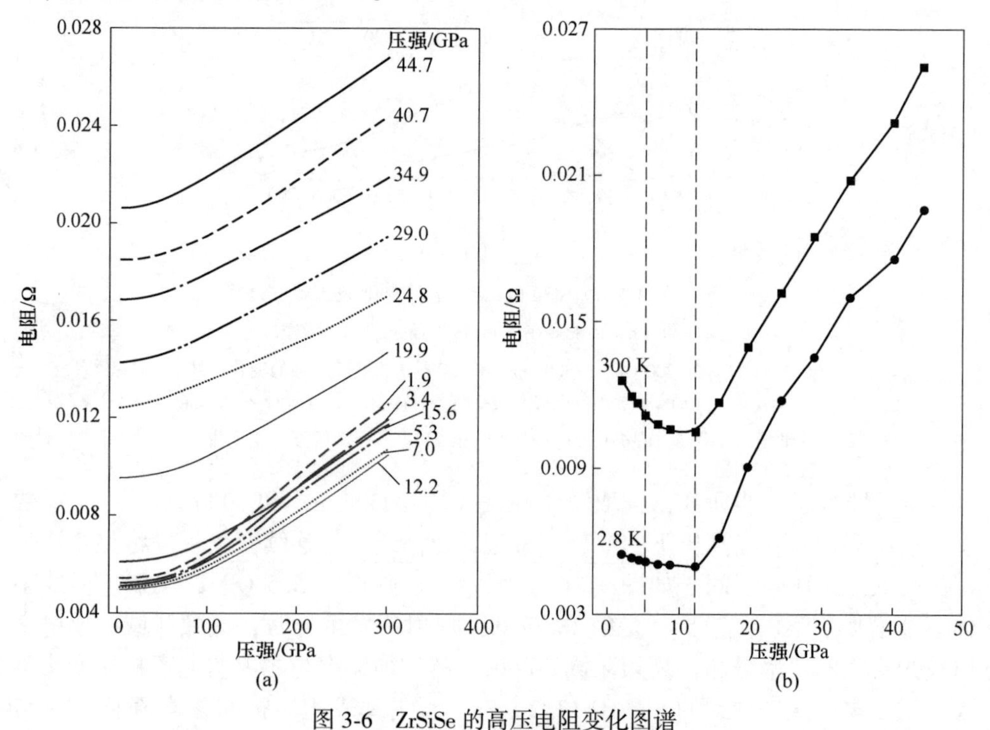

图 3-6　ZrSiSe 的高压电阻变化图谱

(a) ZrSiSe 在压强下的电阻随温度变化图谱；

(b) 特定温度（2.8 K 和 300 K）下电阻随压强的变化图谱

根据 Summerfeld 公式：

$$R = \frac{1}{n(E_{\mathrm{f}})e\mu} \tag{3-2}$$

式中，$n(E_{\mathrm{f}})$ 为载流子浓度；μ 为电子迁移率，电阻的变化趋势是这两种性质共同影响的结果。结合之前的红外反射实验，我们认为载流子浓度随着压强的增加而增加，当压强达到 13 GPa 左右，载流子浓度变化发生异常而逐渐减少。电阻的异常变化的压强点与 XRD、Raman 和红外反射的实验结果一致。

3.3.5 理论计算

为了深入了解电子结构性质的变化，利用基于密度泛函理论（DFT）方法计算了 ZrSiSe 的能带结构。图 3-7 显示了 0 GPa、5 GPa、11 GPa 和 14 GPa 条件下样品的能带结构。如图 3-7 所示，随着压强的增加，能带的交叉点沿着 *Γ*-*X* 路径相对于费米能级向上移动，在 11 GPa 时穿过费米能级，这与等结构相变有关。与此同时，*Γ* 点附近的导带最低点在压强的作用下向费米能级移动，可能导致

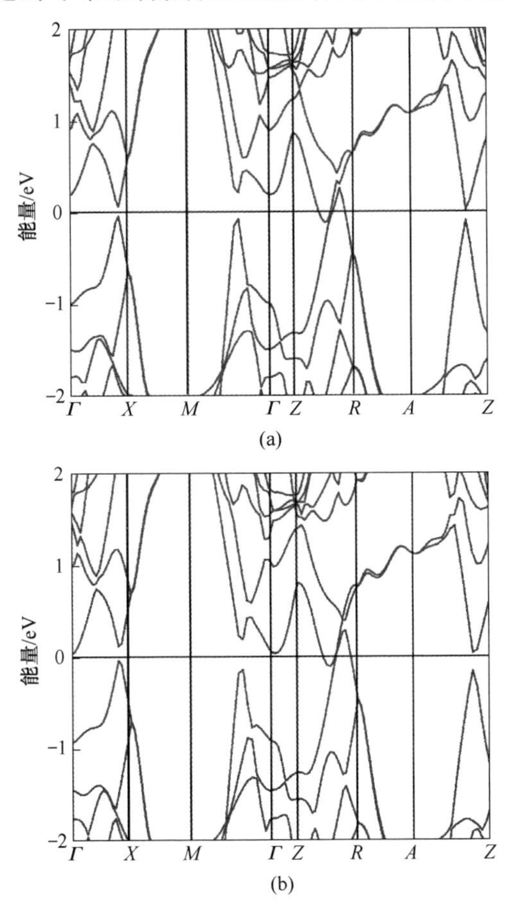

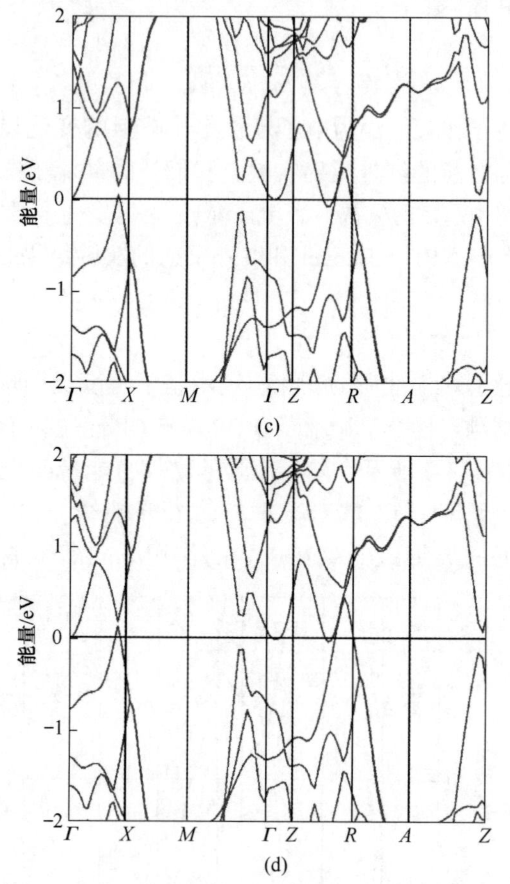

图 3-7 ZrSiSe 在 0 GPa(a)、5 GPa(b)、11 GPa(c)
和 14 GPa(d) 下的能带结构

ZrSiSe 的导电性增强以及自由载流子的浓度增加。以上的理论结果进一步证明了实验中的等结构相变和相关物理性质的变化。

3.3.6 讨论

根据实验结果，压强低于 13 GPa，晶体结构对称性不发生改变，但在 6 GPa 左右观察到晶格参数（c/a）出现不连续变化的现象，是由于多种驱动效应或耦合效应引起的，这一现象已经在之前很多文章中被报道过了。目前，人们提出了一种 Lifshitz 相变的概念，用来描述费米面的形状或者拓扑性变化，且该变化与晶体对称性的变化无关。在不破坏晶体对称性的前提下，压强引发的 c/a 比值，Raman 和电阻的不连续的变化可以被看作是 Lifshitz 相变的实验特征，在某些拓扑材料中已有报道。

最近，通过对同构化合物 ZrSiTe 在压强下的研究，发现其在 4 GPa 和 6 GPa

左右分别发生 Lifshitz 相变，与此同时，费米表面态的拓扑结构也随之发生显著变化。在不改变高对称点的能带结构的情况下，适当的静水压强可以影响 ZrSiSe 中节点线在能带结构中的位置。在理论计算中，形成节点线的狄拉克交叉点在压强下向费米能级移动，并在 11 GPa 以下穿过费米能级，而非对称狄拉克交叉点逐渐远离费米能级。这与 ZrSiTe 在 4~10 GPa 压强范围内发生的现象非常相似。这些结果意味着 ZrSiSe 费米表面的拓扑结构在压强下发生明显的变化。因此，我们认为在本实验中，在 6 GPa 左右出现的异常现象，不仅是由等结构相变引起的，而且还可能与 Lifshitz 相变有关。

此外，单晶 ZrSiX(X=S，Se，Te）的层间作用力随着元素 X 的原子尺寸的增加而发生变化。而且 ZrSiX 中狄拉克能带交叉点的能量位置取决于 c/a 比值。最近，随着压强的增加，ZrSiS 的晶体结构发生了两次结构相变，这是由层间相互作用的增强所导致的。在本章中，6 GPa 左右发生的等结构相变是层间相互作用增强导致的。此外，ZrSiSe 在 11 GPa 的压强下表现出与 ZrSiS 在常压下相似的 c/a 值，可见其电子能带结构与 ZrSiS 具有很强的相似性。进一步压缩，压强引起的晶格畸变和堆垛层错导致在 13 GPa 左右发生结构相变而出现高压新相。这些结果进一步强调了层间相互作用对于 ZrSiX 家族在压强下的结构和电子结构的重要性。

3.4 本章小结

利用高压 X 射线衍射、拉曼、红外反射和电输运测试系统地研究了层状拓扑节线半金属 ZrSiSe 在高压下的结构和性质的变化。研究发现，在压强作用下 ZrSiSe 相继经历了两次相变：在 6 GPa 左右，压强引起的 c/a 和涉及层间原子相对运动的 Raman 振动峰的异常变化，表明由于层间相互作用的增强，样品发生了等结构相变；在 13 GPa 左右，晶格畸变和堆垛层错引起 ZrSiSe 从四方相到正交晶相的转变，且两个结构相共存至实验的最高压强。红外反射率和电阻在相似压强点的异常变化进一步证明了等结构相变和结构相变的发生。理论计算显示能带交叉点沿着 Γ-X 路径自下向上移动并穿过费米能级，说明费米面发生明显变化，进而导致等结构相变。此外，实验发现载流子的浓度随着压强的增加而增加，在 13 GPa 左右，由于晶体结构相变的发生，载流子浓度发生转折，随着压强的增加而减小。这些结果进一步深化了对拓扑节线半金属的高压行为的认知。

4 高压下 ZrSiTe 的结构和性质研究

4.1 研究背景

作为拓扑半金属，节线半金属的能带交叉点延伸至动量空间形成一条封闭曲线（或闭环），具有鼓头状表面态，不同于狄拉克半金属和外尔半金属。拓扑能带结构受晶体对称性的保护，可能有额外的简并态出现，导致体系的能带出现一维简并的节点线。拓扑节点也受到时间反演对称性或自旋对称性等多种对称性的保护。破坏某一对称性或者自旋轨道耦合会导致自旋简并的缺失，进而导致节线半金属转变为其他拓扑半金属。节线半金属具有与这些拓扑态相关的丰富的物理性质，包括：短的激发态寿命、异常霍尔效应和平坦的鼓头状表面态。此外，鼓头表面态会导致新奇的效应，甚至可能实现高温超导。随着对这些材料的深入研究，使人们对拓扑性质的认知更加全面。

ZrSiTe 属于层状拓扑节线半金属 ZrSiX(X=S，Se 和 Te)。它具有几乎理想的节线能带结构、金刚石棒状的费米表面体态和极宽的线性分散能量范围（约 2 eV)。目前相关实验已经证明了其拓扑表面态的存在。与大多数节点线半金属不同，拓扑保护的鼓头状表面态与其体态杂化。这些独特的性质吸引了广泛的关注。

拓扑非平庸相通常出现在层间键合较弱的层状材料中，其中单层的特征更接近于是孤立的二维（2D）物体，从而能够剥离成原子级厚度的二维晶体，具有更多种的应用的可能性。由于此类结构的层间结合力通常很弱，因此它们在垂直于层的方向上具有高度可压缩性，并且可以通过外部压强引起从 2D 到 3D 的维度转变。一般来说，层状材料易压强诱导出新的现象，或者诱导出电子拓扑相变，例如：BiTeBr、BiTeI、1T-$TiTe_2$，以及 V 族硒化物和碲化物 Bi_2Se_3、Bi_2Te_3 和 Sb_2Te_3 等。

1960 年，Lihshitz 首次在金属中发现费米表面（FS）的拓扑结构在压强的作用下发生一系列的变化而提出了电子相变。而压强引起的费米面拓扑变化，如材料的电子结构的开放费米面（例如层状材料的波纹圆柱型费米面）转换为封闭费米面，或者其费米面出现新的分离区域。重要的是，在电子结构中的费米表面拓扑的变化与晶格对称性的变化无关，通常称这种电子相变为 Lifshitz 相变。在这项工作中，我们发现了层状材料 ZrSiTe 在压强作用下由于层间相互作用的增强而出现两个 Lifshitz 相变的迹象。ZrSiTe 属于 ZrXY 化合物族（X=Si、Ge、Sn 和 Y=O、S、Se、Te）。ZrXY 材料表现出变化很大的层间键合，而 ZrSiTe 具有更多明显的 2D 特性。根据最近在外部压强下的红外反射率测量，ZrSiTe 对压强高度敏感。特别是，几个光学参数在临界压强 $P_1 \approx 4.1$ GPa 和 $P_2 \approx 6.5$ GPa 时表现出压强系数的异常，表明发生了电子或结构类型的两种相变。为了阐明 ZrSiTe 中的压强诱导效应，我们进行了外部压强下的拉曼光谱和 X 射线衍射测量以及密度泛函理论（DFT）电子能带结构计算。费米面拓扑结构的变化可能导致 ZrSiTe 更容易表现出非常规特性，这对拓扑材料的研究具有重要的意义。

4.2 实验过程及理论方法

4.2.1 样品的合成

通过化学气相沉积法分两个步骤生长合成了高质量的单晶 ZrSiTe。首先，将 Zr(99.9%，Alfa Aesar)、Si(99.9%，Alfa Aesar) 和 Te(99.9%，Alfa Aesar) 粉末按照化学计量比充分混合，放入真空石英管中密封后加热至 1000 ℃并保持 48 h。所得的多晶粉末与碘（5 mg/cm^3）均匀混合后放入另一个石英管中，并在双区梯度炉中加热且速率为 2 ℃/min，其中热端和冷却端的温度固定在 1100 ℃和 1000 ℃，经过 64 h 生长，得到金属光泽的高质量的矩形样品 ZrSiTe。整个实验在氩气环境中进行。采用 MicroMax-007HF(Rigaku) 型粉末衍射仪（XRD，CuKα，1.5418×10^{-10} m）对获得的样品 ZrSiTe 的晶体结构进行表征。

4.2.2 高压实验和理论计算

高压电输运实验是通过标准的四探针法利用原位低温多功能电磁学测量系统（2.6~300 K，JANIS Research Company Inc.）进行测试的。加压装置采用砧面 300 μm 的非磁性铍铜材料的金刚石对顶砧装置。封垫材料采用无磁性的铼片，在铼片上用立方氮化硼和环氧树脂的混合物作为绝缘层，且在绝缘层上布置铂电极。高压 XRD 实验在课题组的高压原位 X 射线衍射仪（Rigaku Synergy Custom FR-X）完成的，光束的波长为 0.7×10^{-10} m。使用甲醇和乙醇的混合物（4∶1）作为传压介质。Dioptas 软件对所测得的衍射环进行积分得到 XRD 谱线，并用 GSAS 软件分析了 XRD 谱线，其设置参数通过标准 CeO_2 进行了校准。在这些实验中，采用标准红宝石荧光法计算压强。

通过基于密度泛函理论（DFT）的 Vienna Ab-initio Simulation Package(VASP) 计算了 ZrSiTe 的电子结构，在计算过程中考虑到相关的自旋轨道耦合效应。使用广义梯度近似（GGA）函数来计算优化的几何结构。能量截断能设置为 600 eV，Monkhorst-Pack k 点网格使用 15×15×6。

4.3 实验结果与讨论

通过微区 X 射线衍射仪（MicroMax-007HF，$\lambda = 1.5418\times10^{-10}$）对常压合成的样品进行了晶体结构的表征。如图 4-1 所示，ZrSiTe 在环境压强下的 XRD 图谱与之前的文献相吻合，样品是四方晶系结构，空间群为 P_4/nmm，没有多余的杂峰，说明合成的样品具有良好的结晶度且没有杂质原子。

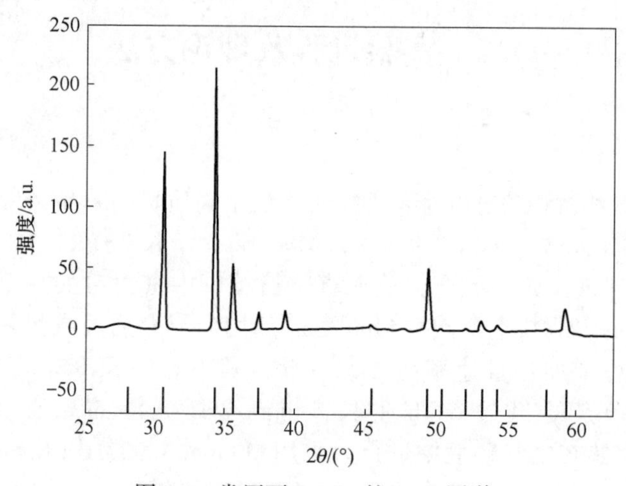

图 4-1 常压下 ZrSiTe 的 XRD 图谱

4.3.1 ZrSiTe 的高压拉曼研究

通过室温下的高压拉曼光谱可以研究 ZrSiTe 在压强的作用下晶体结构的演化。一般来说，拉曼光谱中新峰的出现、旧峰的消失、拉曼频率的位移或者半峰宽的压强系数的不连续变化都可以用来判断材料是否发生相变。根据群论分析，ZrSiTe 的声子模式为：

$$\Gamma = 2A_{1g} + 2A_{2u} + 3E_g + 2E_u + B_{1g}$$

式中，$2A_{1g}$、B_{1g} 和 $3E_g$ 振动模式是拉曼活性振动，$2A_{2u}$ 和 $2E_u$ 是红外振动，而这三种拉曼振动峰的原子位移主要是沿 c 轴方向的面外运动，例如，${}^1A_{1g}$ 振动峰和${}^2A_{1g}$ 振动峰都代表 Zr 和 Te 原子之间的相对运动，模式 B_{1g} 代表 Si 原子的振动。图 4-2 为在压强下 ZrSiTe 的室温拉曼光谱，我们可以观察到三个拉曼振动峰，分别为${}^1A_{1g}$、${}^2A_{1g}$ 和 B_{1g} 振动峰，这和前人的文献一致。这三个拉曼峰随着压强的增加而发生红移，尤其低频率的${}^1A_{1g}$ 拉曼振动峰红移至并伴随着明显的峰强减弱现象。一般来说，拉曼振动峰的红移以及峰强宽化表明该体系的晶体结构的稳定性减弱，最终会导致该晶体发生结构相变。然而，直到本实验的最高压强，拉曼光谱表明$^1A_{1g}$、$^2A_{1g}$和B_{1g}拉曼振动峰依然可以被观察到，且没有新峰出现，这表明没有压至结构相变的情况发生。我们通过图 4-2 可知$^2A_{1g}$和B_{1g}振动峰的压强系数随压强变化呈线性关系。相比之下，$^1A_{1g}$振动峰的压强系数发生了明显的异常变化：该振动峰的压强系数在 4 GPa 和 7 GPa 左右分别呈现出非线性关系。

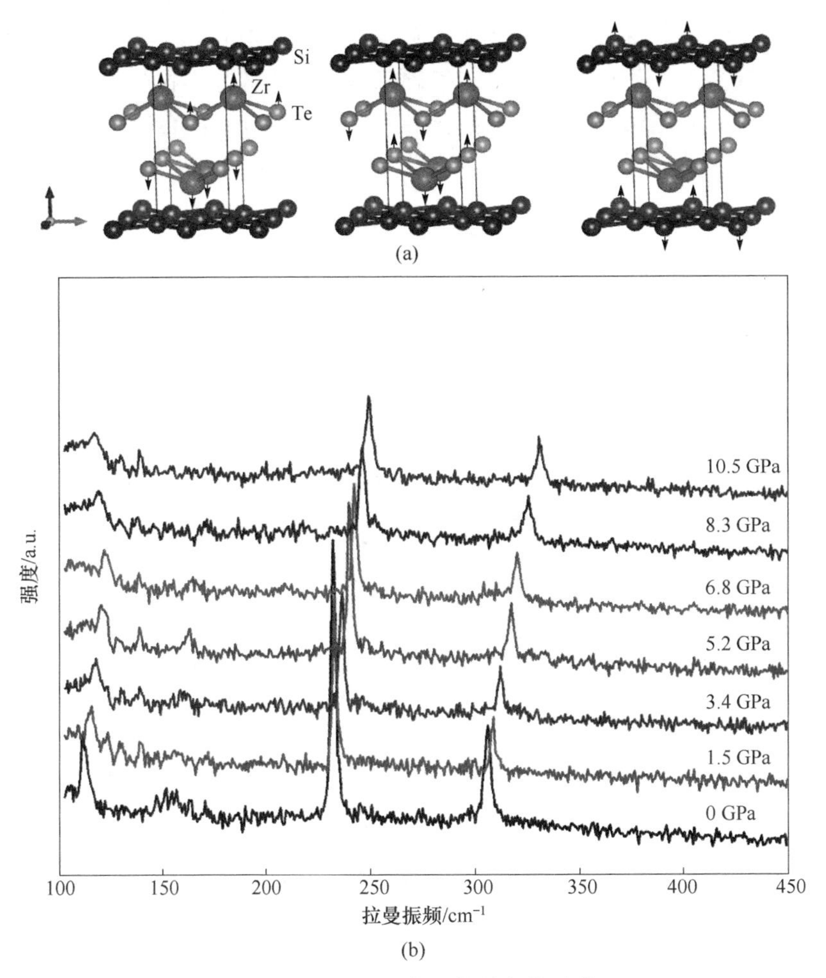

图 4-2 ZrSiTe 的高压拉曼变化图谱

(a) ZrSiTe 结构与$^1A_{1g}$、$^2A_{1g}$和B_{1g}的 Raman 振动模对应的原子相对振动示意图；

(b) 压强下 ZrSiTe 对应于$^1A_{1g}$、$^2A_{1g}$和B_{1g}拉曼峰的峰位随压强的变化曲线

此外，图 4-3 显示了$^1A_{1g}$、$^2A_{1g}$和B_{1g}振动峰的半峰宽（FWHM）。$^1A_{1g}$、$^2A_{1g}$和

B_{1g} 振动峰的半峰宽在压强的作用下逐渐变宽，$^2A_{1g}$ 和 B_{1g} 振动峰在 4 GPa 处，半峰宽的压强系数发生转折；压强达到 7 GPa 时，$^1A_{1g}$ 和 $^2A_{1g}$ 振动峰的半峰宽的压强系数再次发生转折，显著增加。这一结果与同结构化合物 ZrSiS 和 PbFCl 的文献所报道的结果类似，$^1A_{1g}$ 拉曼振动峰归因于两个弱键合的 Zr—Y 原子之间的相对运动，对于这种代表面内运动的 Y 层和相邻 Zr 层的振动峰被认为是对压强诱导层间相互作用较为敏感的刚性振动峰，刚性层振动峰的频率可以用于观察层间键合的变化，这在层状硫族化合物的文献中也曾被观察到过。因此，代表刚性层的 $^1A_{1g}$ 拉曼振动峰在 7 GPa 发生硬化，表明在压强的作用下 ZrSiTe 的层间相互作用显著增强。前人的文章认为在一些情况下，压强所引起的拉曼振动峰的频率和半高宽的异常是由电子相变（EPT）所致。值得注意的是，拉曼振动峰的半峰宽会受到电子-声子耦合变化的影响发生变化，而电子-声子耦合可以看作是等结构电子相变的间接特征。

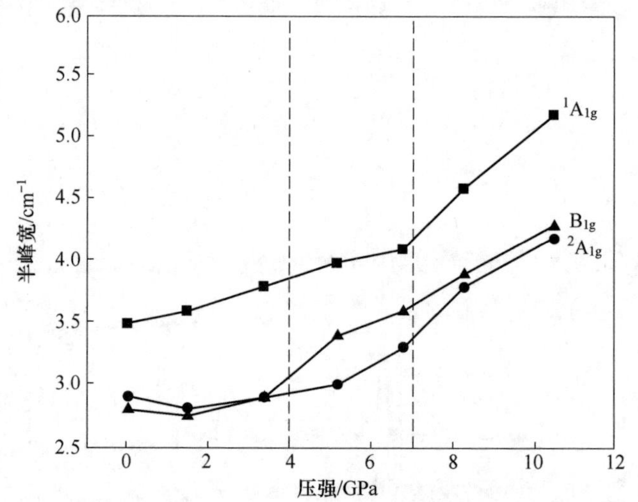

图 4-3 压强下 $^1A_{1g}$、$^2A_{1g}$ 和 B_{1g} 的 Raman 振动模半峰宽的变化曲线

4.3.2 ZrSiTe 的高压 XRD 研究

为了验证 ZrSiTe 的电子性质与结构之间的关系，在室温下进行了高压原位 XRD 实验。图 4-4(a) 展示了 XRD 图谱随压强的变化。在低压区，所有衍射峰都可以与 PDF 标准卡片的四方晶系（SG P_4/nmm）匹配。由于晶格的收缩，所有布拉格衍射峰的峰位都不断地向更高的角度移动。随着压强增加到最高压强 12.4 GPa，除了峰位的移动外没有出现新的衍射峰。这些结果表明 ZrSiTe 在压强的作用下没有发生明显的结构相变，也可以说晶体结构对称性没有被破坏。对于 XRD 衍射峰（110）(111)(220）以及（212）的峰位在 4 GPa 和 7 GPa 附近有异

常变化。为了深入了解压强下的晶体结构，通过 GSAS 软件对 ZrSiTe 进行精修分析获得晶格常数。其中，晶格参数 a 几乎不受压强的影响，相比之下，参数 c 对于压强的作用较为敏感，单调下降。图 4-4(c) 展示了轴向比 c/a 随压强的变化曲线。从图中可以看出 c 轴方向相比于 a、b 轴方向更易压缩，这是由于在压强的作用下层间相互作用明显增强，与此同时，在 4 GPa 和 7 GPa 左右，观察到体积模量出现了不连续变化，前面讨论的拉曼振动峰在相似的压强范围内也出现明显的异常，与我们的 XRD 研究结果一致。由于 XRD 图谱在压强作用下并未观察到新的衍射峰的出现，我们排除了晶体结构的相变，结合前面所讨论的拉曼散射异常行为，应该是由于同构电子相变。但 c/a 的值发生变化，说明在 4 GPa 和 7 GPa 处可能发生了电子相变。

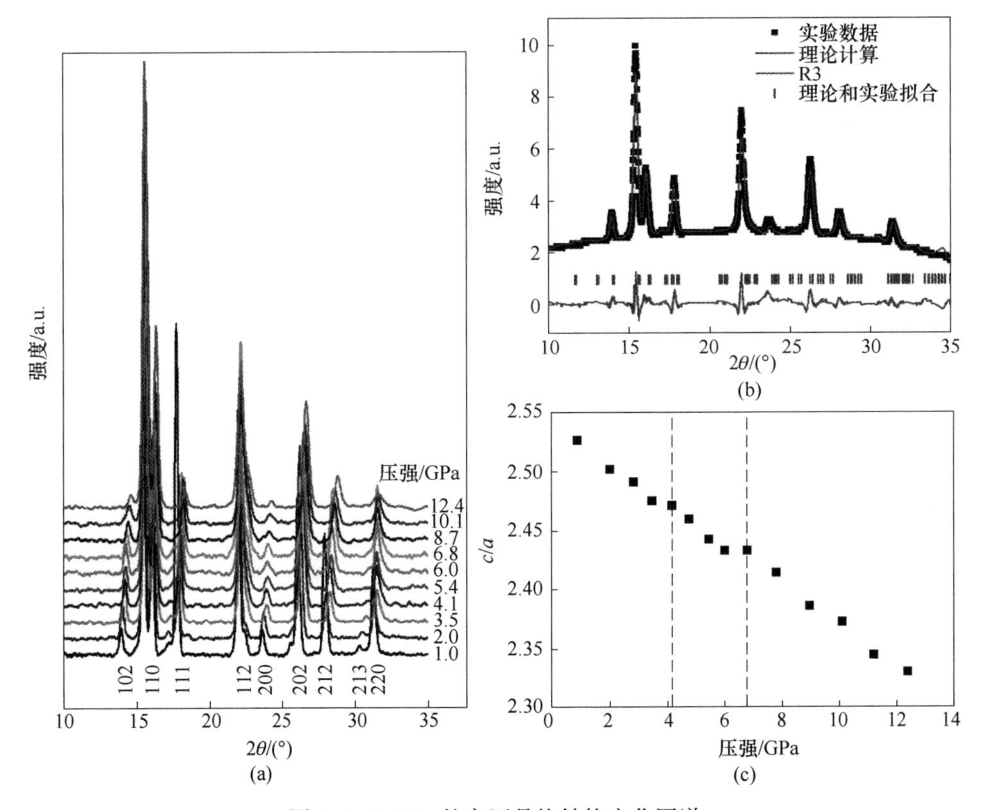

图 4-4 ZrSiTe 的高压晶格结构变化图谱

(a) 在选定的压强下 ZrSiTe 的 XRD 图谱；(b) 1.0 GPa 下 XRD 曲线的 Rietveld 精修 ($R_{wp}=7.5\%$和 $R_p=5.7\%$)；(c) 轴向比 c/a 随压强的变化图谱

4.3.3 ZrSiTe 的高压电输运研究

通过四电极法测量了 ZrSiTe 在室温下电阻随压强的变化关系，用于研究压强对电学性质的影响。图 4-5 展示了室温下 ZrSiTe 电阻随压强的变化曲线。如图 4-5 所示，随着压强的增加，电阻的压强系数减小，电阻逐渐减小，加压至 4 GPa，电阻变化出现异常而缓慢减小。在 7 GPa 时，电阻达到最低点，随后发生转折而开始增加，并保持到本实验的最高压强。由此可见，电阻测试中所观察的压强异常点与 XRD、Raman 测试中所观察的异常点基本一致，进一步表明在 4 GPa 和 7 GPa 处发生了电子相变。

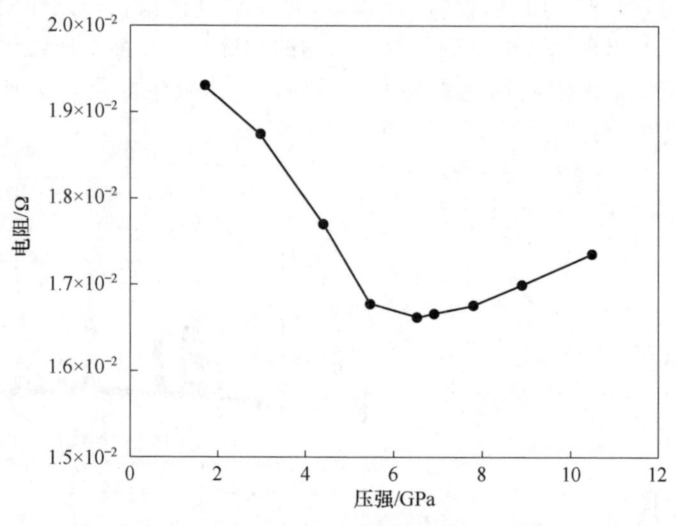

图 4-5 ZrSiTe 的电阻随压强的变化曲线

4.3.4 理论计算

为了理解上述实验结果，通过第一性原理 DFT 对 ZrSiTe 的电子结构进行了理论计算。图 4-6 展示了在 0 GPa、6 GPa 和 9 GPa 的特定压强下 ZrSiTe 和 0 GPa 的 ZrSiS 的电子能带结构。在环境压强下，高度离散的狄拉克能带交叉在费米能级附近形成节点线，由于自旋轨道耦合而打开能隙，与之前的文章一致。额外狄拉克交叉点受到非对称性的保护以防止间隙的出现，并分布在布里渊区（BZ）的 X 和 R 点的费米能级 E_F 附近。一般来说，在 ZrXY 家族材料中发现的节点线均由 $Si_{(sp_xsp_y)}$-$Zr_{(d)}$ 杂化轨道所形成。事实上，ZrSiTe 中的两个线性交叉带沿着布里渊区中的一个表面形成一个有效的节点平面，也是电子和空穴所组成的三维费米面。从图中可以看出 ZrSiTe 的电子能带结构对外部压强高度敏感。随着压强的增加，形成节点线的狄拉克交叉点沿着 Γ-M 路径向费米面移动，导带的最低点在 6 GPa 远离费米能级交叉，而价带的最高点在 9 GPa 时完全穿过费米面，非对称狄拉克交叉在这个过程中被推离费米能级。从前文可知，Γ 点附近的导带最低点（CBM）随着压强的增加向费米能级移动，这可以导致载流子的浓度增加。

通过费米面在压强下的变化，我们认为 ZrSiTe 在整个压强区间内经历了两次电子结构转变。从图 4-6 中可以观察到加压后能带结构中存在鼓膜状表面态，拓扑表面态可能仍然存在。

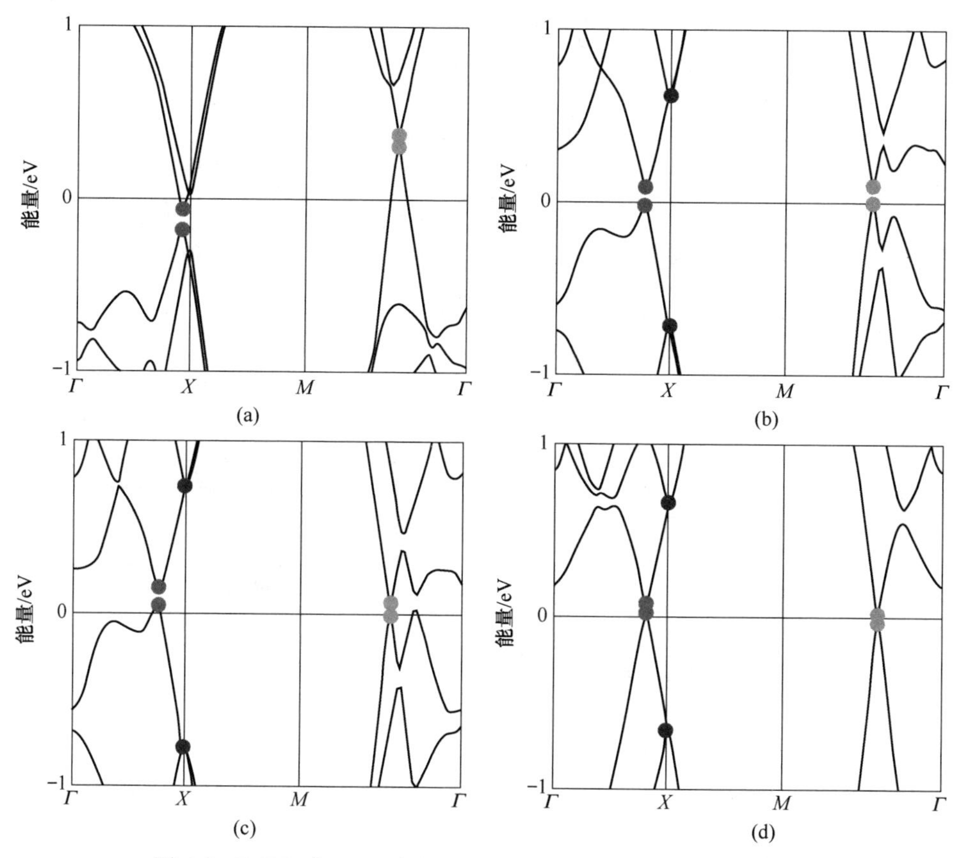

图 4-6 ZrSiTe 在 0 GPa(a)、6 GPa(b)、9 GPa(c) 的电子能带结构和 ZrSiS 在 0 GPa 的电子能带结构（d）

图 4-7 显示了 ZrSiTe 和 ZrSiS 的电子能带结构中狄拉克交叉点的能量位置与压强的依赖关系。如图 4-7(a)～(c) 所示，随着压强的增加，形成节线的狄拉克交叉点向费米能级移动，甚至在 4 GPa 以上穿过费米能级。非同构对称狄拉克交叉点被离费米能级运动。在最高压强（9 GPa）下，ZrSiTe 的电子能带结构与环境压强下的同构化合物 ZrSiS 具有很强的相似性，非同构对称狄拉克交叉点能量距离费米能级为±0.75 eV ［图 4-7(b)］。因此，类似于 ZrSiS，高压 ZrSiTe 在不受非同构对称狄拉克态的影响下为研究节点线态的特性提供了思路，但具有更大的自旋轨道耦合。此外，由于 ZrSiTe 在 9 GPa 下的 c/a 比接近环境压强 ZrSiS，这些发现进一步强调了层间相互作用对于 ZrXY 化合物族的电子特性的重要性。

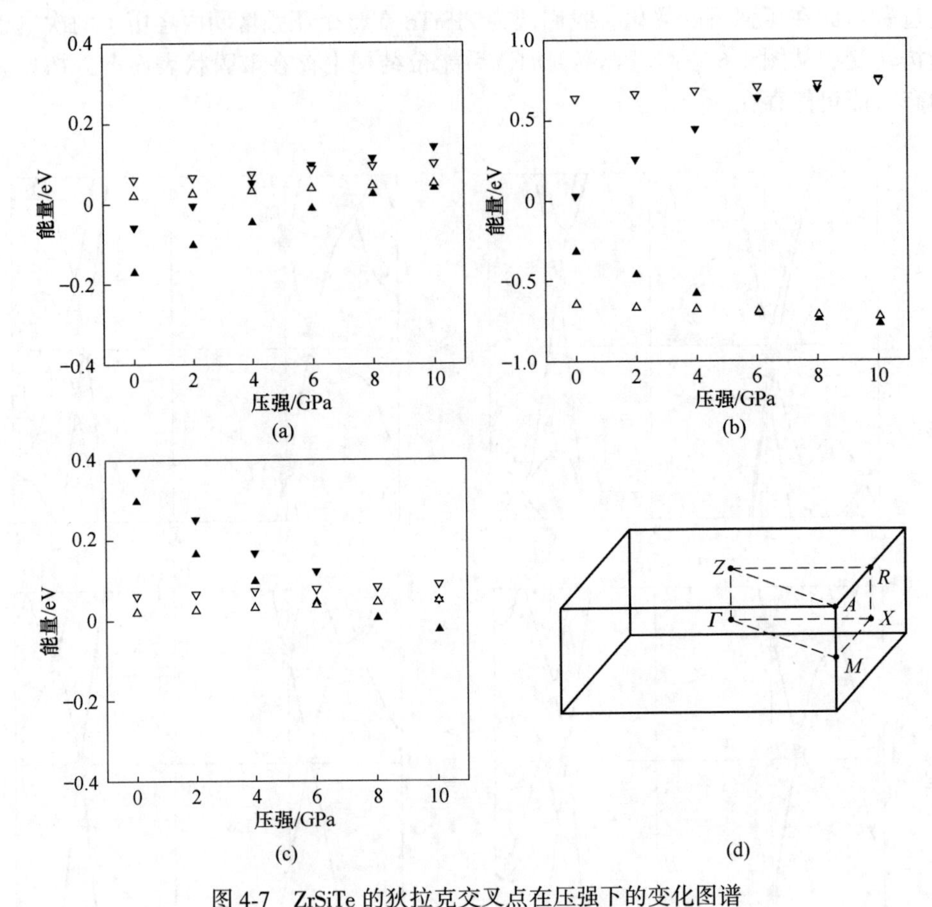

图 4-7 ZrSiTe 的狄拉克交叉点在压强下的变化图谱

(a)~(c) ZrSiTe（实心三角形）和 ZrSiS（空心三角形）的狄拉克交叉点的能量位置；(d) 高对称点

4.3.5 讨论

前面讨论了 Lifshitz 相变作为金属中费米面的拓扑表面态改变的电子相变，而与晶格对称性无关。而在本实验中我们发现在压强的作用下 ZrSiTe 并没有发生晶体结构相变，仅是电子结构发生相变，同时前人提出其拓扑表面态在相似压强区间内也发生了一定的变化，因此，我们认为本实验中 ZrSiTe 在压强的作用下发生了 Lifshitz 相变。根据实验结果，ZrSiTe 在压强的作用下经历了两个阶段：4 GPa 以下，通过 c/a 比的降低和拉曼振动峰的硬化，表明在母体四方相中压强诱导其晶体结构从层状结构向 3D 结构转变，在约 4 GPa 处，随着电子能带结构的变化和费米面的收缩，发生了 Lifshitz 相变，导致中间相（4~7 GPa）的产生。在约 7 GPa 处，随着费米面的增大，发生了另一个 Lifshitz 相变，ZrSiTe 的电子能带结构在压强的作用下演化为类似于环境压强 ZrSiS 的电子能带结构。

最近，在层状拓扑材料 $ZrTe_5$ 和 ZrSiTe 中观察到温度诱导的 Lifshitz 转变。据推测，这种转变是由层间相互作用随温度的变化引起的。本实验的结果表明，层状拓扑材料容易发生 Lifshitz 跃迁是由压强诱导的层间相互作用增强所引起的。

通过拉曼光谱，我们观察到 ZrSiTe 中刚性层声子模的频率和线宽随着压强的增加发生非线性变化，根据压强依赖性 X 射线衍射结果没有任何晶格对称性变化，没有出现新的衍射峰，表明晶体结构没有发生转变。但拉曼振动峰和 c/a 晶格参数比随着压强的增加表现出异常行为，这是由层间相互作用的增强导致的。DFT 能带结构计算进一步证明在约 4 GPa 和约 7 GPa 处发生了两次 Lifshitz 相变，费米表面拓扑发生了巨大变化。Lifshitz 相变可归因于压强所引起的层间相互作用的增强。此外，结果表明层间距离在确定层状节点线半金属 ZrSiTe 的电子结构方面起着至关重要的作用，我们认为这一现象适用于一般层状范德瓦尔斯拓扑材料。

4.4 本章小结

利用高压 X 射线衍射、拉曼和电输运测试系统地研究了层状拓扑节线半金属 ZrSiTe 在高压下结构和性质的变化。研究发现，ZrSiTe 的刚性层声子模的频率和线宽在压强的作用下发生了明显的异常行为，而 X 射线衍射的结果表明晶格对称性没有发生变化。拉曼振动的异常行为可以通过晶格参数比 c/a 的变化以及层间相互作用的增强来解释。能带计算表明，ZrSiTe 的能带结构在 4 GPa 和 7 GPa 处出现两个 Lifshitz 跃迁变化，这是由压强诱导的层间相互作用增强导致的。研究结果表明层间相互作用在 ZrSiTe 的电子能带结构的变化中起到了重要的作用，结合上一章的内容，我们认为这一发现适用于层状拓扑材料。

5 压强对层状铁磁性材料 $Cr_2Ge_2Te_6$ 结构和性质的影响

5.1 研究背景

二维材料因其独特的结构特性展现了出色的物理和化学性质，在材料研究领域一直是人们研究的热点之一。在这类二维材料中，二维层状范德瓦尔斯（vdW）晶体具有特殊的晶体结构和电子结构，因此，研究人员对其进行了大量的研究，并在许多领域取得了突破性的进展，例如光电技术、超导电性和自旋电子学等领域。通常，二维层状范德瓦尔斯晶体中存在强的面内共价键和弱的层间范德瓦尔斯力，调节原子间相互作用可以优化二维层状材料的应用。$Cr_2Ge_2Te_6$ 作为二维层状材料，是居里温度较高（约 61 K）的一种铁磁性半导体，其出色的性能引起了人们的极大关注。$Cr_2Ge_2Te_6$ 单晶为层状六方相结构（SG R-3，No. 148）、晶体由沿（001）方向按 ABC 顺序构成的 $Cr_2Ge_2Te_6$。Cr 离子、Ge-Ge 二聚体和 Te 原子八面体形成有趣的乙烷结构 Cr_2Te_6，从而产生了局域态密度（DOS）。同时，沿 *ab* 平面存在多种较强的层内化学键（Cr—Te 离子键，Ge—Te 共价键，Ge—Ge 金属键）和沿 *c* 轴的范德瓦尔斯型弱层间结合力。人们认为 $Cr_2Ge_2Te_6$ 的特殊结构会产生较低的晶格热导率，且基于“高迁移率-低晶格热导率”的性质可以使 $Cr_2Ge_2Te_6$ 成为应用前景广阔的热电材料。此外，$Cr_2Ge_2Te_6$ 与作为基底的拓扑绝缘体 Bi_2Te_3 相结合来研究量子反常霍尔效应。而破坏时间反演对称性可以引起声子模分裂，证明 $Cr_2Ge_2Te_6$ 具有强自旋声子耦合，使其成为下一代自旋电子器件的候选材料。

通过掺杂改变晶体来调节载流子的浓度以提高热电性能。此外，由于耦合作用，层间相互作用对外部刺激更为敏感，进而改变材料的物理和化学性质。压强是改变晶格以调节材料的晶体和电子结构的理想工具，对物理和化学性质产生影响。近年来，层状材料在压强下的研究受到了广泛的关注。尤其是过渡金属二硫化物，典型的例子是 MoS_2，在 19 GPa 时，压强引起晶格畸变导致 MoS_2 的带隙闭合，使其半导体特性转变为金属性。随后当压强达到 90 GPa，在 2H-MoS_2 中观察到超导电性，进一步加压至 220 GPa，超导转变温度 T_c 达到 12 K。此外，通过调节电子能带结构可以实现从二维结构到三维结构的转变，可以用于设计和优

化 WSe_2 中能量协调的光电应用。在其他二维层状材料中也观察到了压强引起的结构相变和相应性质的变化。对于 $Cr_2Ge_2Te_6$，压强可以压缩 Cr—Cr 和 Cr—Te 的键长，并使 Cr—Te—Cr 角偏离 90°，从而增强了反铁磁（AFM）的相互作用。同时，压强可以引起磁性的定向转变，提供了独特的方法调控磁各向异性的方法。最近，在压强的作用下，在 $Cr_2Ge_2Te_6$ 中观察到了晶体到非晶体的转变。然而，结构相变与其性质之间的关系仍是一个未解决的问题。进一步探索其高压结构变化和金属化机制，对于了解 $Cr_2Ge_2Te_6$ 的物理和化学性质具有重要意义。

5.2 实验过程及理论方法

$Cr_2Ge_2Te_6$ 单晶样品来购买自 Alfa Aesar 公司，样品纯度为99%。高压实验中所使用金刚石对顶砧装置的砧面直径为 400 μm，利用激光在不锈钢垫片上打了 130 μm 的孔作为样品室。在这些高压实验中，使用红宝石进行压强标定。对于高压拉曼和 XRD 实验，将 $Cr_2Ge_2Te_6$ 和红宝石球放置于作为传压介质的甲醇和乙醇（4∶1）的混合物中。$Cr_2Ge_2Te_6$ 的高压原位 XRD 实验是在北京的高压线站（波长 0.6199×10^{-10} m）上测试的。使用 Renishaw in Via 微型拉曼系统进行了高压拉曼实验。并用 Bruker Vertex 80v FTIR 光谱仪记录了高压 IR 数据，红外反射测试中不添加传压介质，将较多样品和红宝石球填充满样品室，且确保表面平整以减小实验误差。光电导数据是用 reffit 软件对红外反射数据进行拟合获得的。在电输运实验中，以氮化硼和环氧树脂的混合物做封垫材料和绝缘层，为了避免其他影响，未使用传压介质，并采用标准的四探针法进行测试。所有实验均在室温下进行。

$Cr_2Ge_2Te_6$ 的结构优化和电子结构性质的计算是在密度泛函理论（DFT）的框架内，通过使用 Vienna Ab-initio 模拟程序包（VASP）获得。优化的结构用于在广义梯度近似（GGA）函数内进行计算。为了充分描述相关效应，考虑到重金属元素的存在，采用 DFT+U 方法，有效库仑参数 U 为 3.5 eV。

5.3 实验结果和讨论

5.3.1 $Cr_2Ge_2Te_6$ 的高压 XRD 研究

图 5-1 展示了 $Cr_2Ge_2Te_6$ 的 XRD 曲线随压强变化的图谱。如图 5-1(a) 所示，在较低压强条件下，所有布拉格衍射峰都可以和六方相（SG R-3）相匹配，说明其结构保持常压的晶体结构。由于晶格的收缩，所有的衍射峰随着压强的增加向

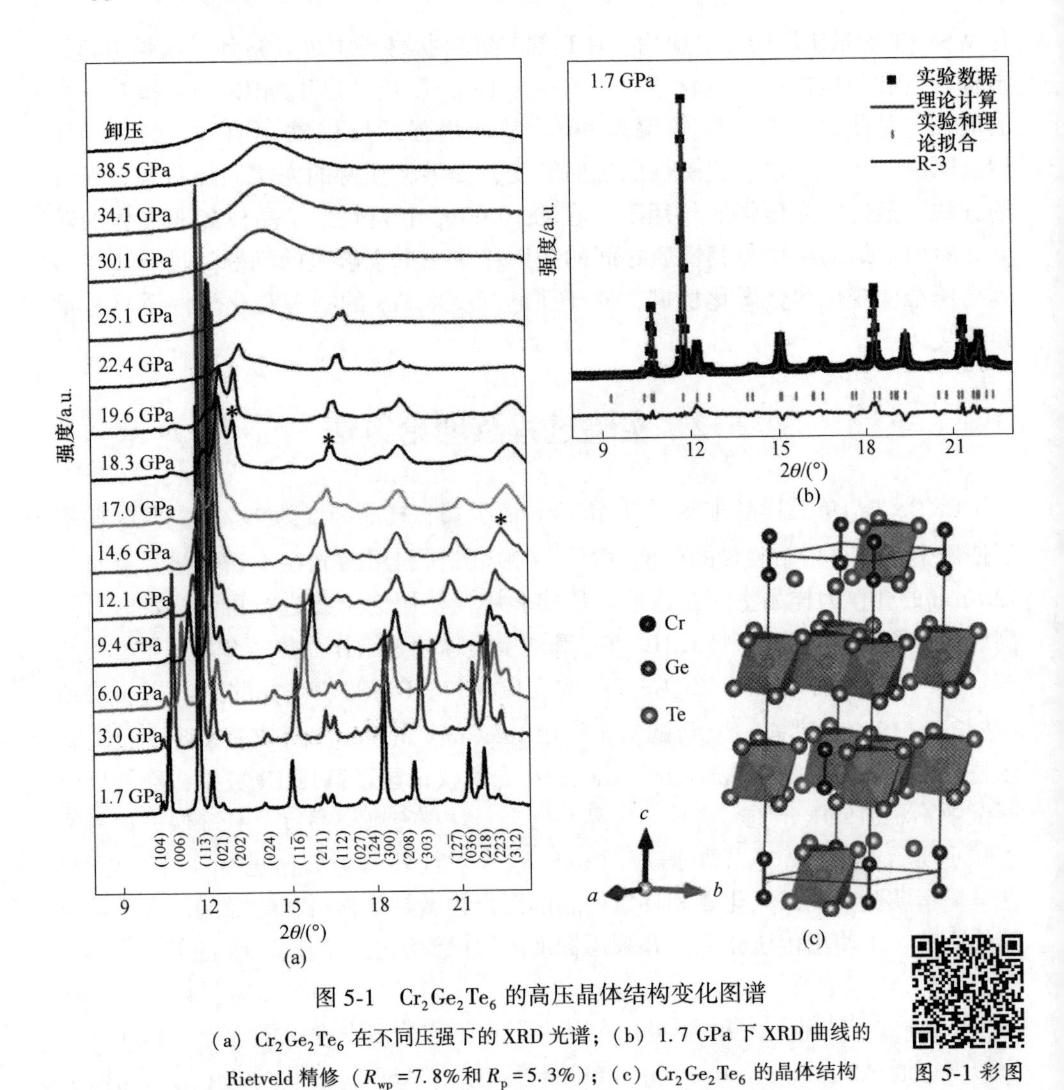

图 5-1 $Cr_2Ge_2Te_6$ 的高压晶体结构变化图谱

（a）$Cr_2Ge_2Te_6$ 在不同压强下的 XRD 光谱；（b）1.7 GPa 下 XRD 曲线的 Rietveld 精修（R_{wp}=7.8%和 R_p=5.3%）；（c）$Cr_2Ge_2Te_6$ 的晶体结构

较高的衍射角 2θ（较小的间距 d）方向连续移动，峰强也随之逐渐变弱。当压强达到 14.6 GPa，除了部分的衍射峰消失和宽化，衍射峰（036）(223）和（312）合并为一个较宽的衍射峰。在 18.3 GPa，出现了新的衍射峰（用星号 * 标记），表明新的晶体结构相的出现。达到 25.1 GPa，大多数衍射峰消失，（12~14）×10^{-10} m 之间出现了宽包。继续加压到 34.1 GPa，所有衍射峰消失，这意味着在该压强点下样品完全处于非晶相结构。我们认为压强引起晶格畸变导致亚稳相的出现，18.3 GPa 处的高压相是由 R-3 结构相与亚稳相共同组成的混合相，随着压强的增加，亚稳相的比例逐渐升高。然而，在 R-3 结构相完全转变为亚稳相之前，样品在 25.1 GPa 处开始发生非晶化现象，最终母相和亚稳相全部转变为非晶相，并保持至最高压强。此外，由于初始结构是沿着 c 轴以 ABC 三明治结构堆叠，及沿 ab 面具有共享边的 $CrTe_6$ 和 Te_3-Ge-Ge-Te_3 八面体结构。随着压强的增加，出现的亚稳相的八面体形成类似拓扑绝缘体 Bi_2Se_3、Bi_2Te_3 和 Sb_2Te_3 中的多层层状结构。因此，亚稳相的堆叠结构要比初始相的更为复杂。将样品卸至常压，未观察到晶体衍射峰的出现，表明非晶化现象是不可逆的。与此同时，将卸压后的样品通过高分辨率电子显微镜（HRTEM）进行表征，如图 5-2 所示，无法观察到任何衍射环，进一步证明样品的晶格结构在卸压后呈非晶态，这与 XRD 的结果一致。

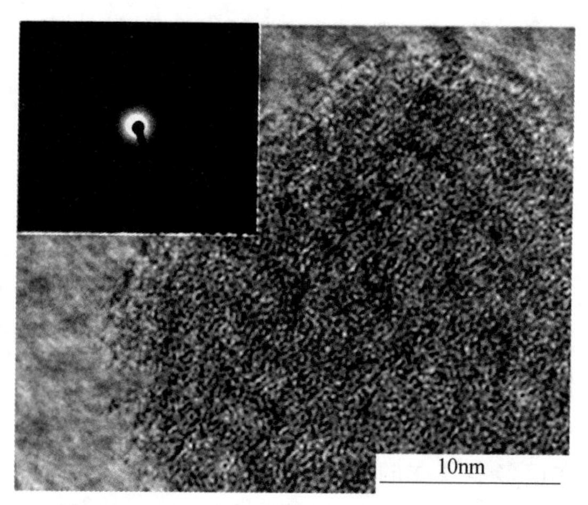

图 5-2 $Cr_2Ge_2Te_6$ 的 HRTEM 和 SAED 图像

为了研究 $Cr_2Ge_2Te_6$ 的晶格参数在压强下的变化，使用 GSAS 软件对 XRD 谱线进行了精修处理。图 5-3(a) 为轴向比（c/a）随压强的变化曲线，由于范德瓦尔斯力相对较弱，导致层间方向的 c 轴更易压缩，进而层间相互作用在压强的作用下增强。随着压强的增加，在 14 GPa 左右观察到轴向比出现明显的异常。

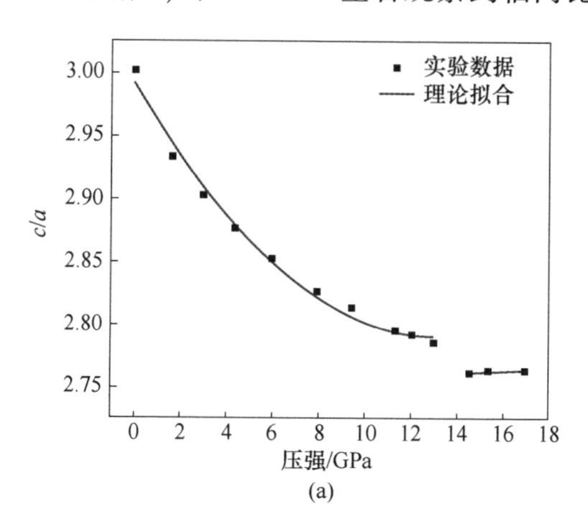

(a)

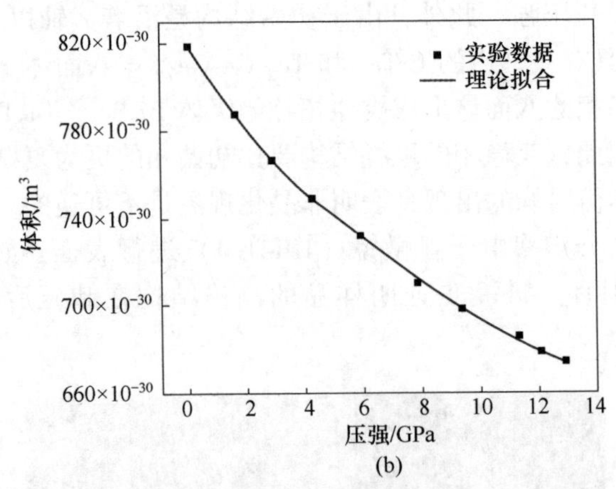

(b)

图 5-3 $Cr_2Ge_2Te_6$ 的晶格常数在压强下的变化图谱

(a) 轴向比 (c/a) 随压强的变化图谱；(b) 体积随压强的变化图谱

有趣的是，当压强高于 14 GPa，c 轴与 a 轴的轴向比几乎不变，意味着发生了从层间相互作用到层内共价键相互作用的转变。在之前的实验研究中发现，当轴向比降低到一定程度，整个晶格结构会出现从层状到非层状结构的转变。实验结果表明 $Cr_2Ge_2Te_6$ 的晶体结构经历了从层状到非层状的等结构相变，这可能归因于层间的静电（库仑力）排斥。此外，这种转变（层状到非层状）也会导致电子结构的变化，类似的现象在很多半导体的高压研究中有所报道。根据 Birch-Murnaghan 状态方程拟合得到：$V_0=(811±3)×10^{-10}$ m，$B_0=(48±2)$GPa，$B_0'=4$ GPa。

图 5-4 显示了选定的键长（Cr—Te 和 Ge—Te）和键角（∠Cr—Te—Cr、∠Te—Cr—Te 和∠Te—Ge—Te）在压强下的变化曲线。Cr—Te 和 Ge—Te 的键长随压强的增加而逐渐缩短。与此同时，∠Te—Cr—Te 也随着压强的增加而减小，相反，∠Cr—Te—Cr 和∠Te—Ge—Te 随着压强的增加而增大，三个键角在 14 GPa 左右都发生转折。施加的压强会影响 $CrTe_6$ 和 Te_3-Ge-Ge-Te_3 八面体的形变，而这两个八面体不同的压缩性导致了键角的异常变化。

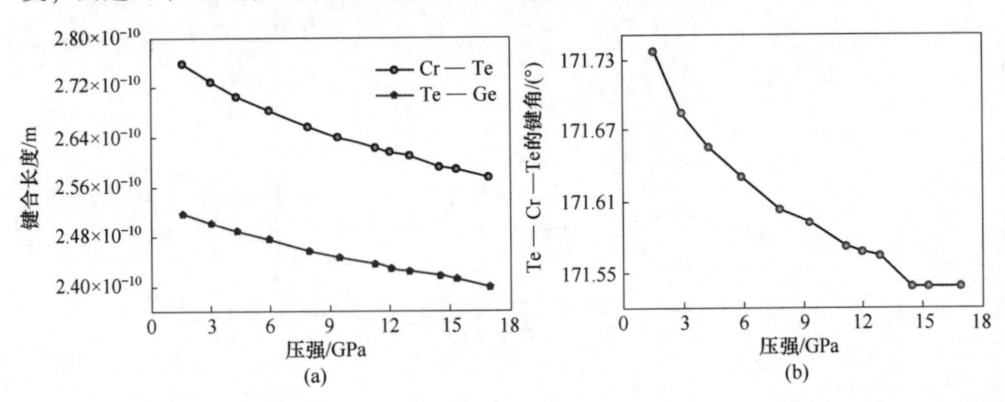

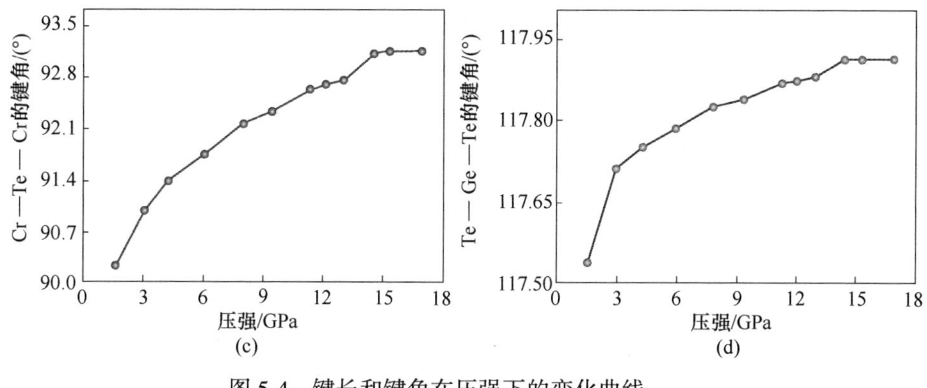

图 5-4 键长和键角在压强下的变化曲线

(a) Cr—Te 和 Ge—Te；(b) ∠Te—Cr—Te；(c) ∠Cr—Te—Cr；(d) ∠Te—Ge—Te

5.3.2 $Cr_2Ge_2Te_6$ 的高压拉曼研究

图 5-5 显示了最高压强为 40.1 GPa 下 $Cr_2Ge_2Te_6$ 的室温拉曼光谱。群论分析计算了 $Cr_2Ge_2Te_6$ 的振动模式，表示为

$$\Gamma = 5A_g + 5A_u + 5^1E_g + 5^2E_g + 5^2E_u \tag{5-1}$$

式中，A_g 和 E_g 振动模式是拉曼活性振动。在低压下，在 110.1 cm^{-1}、135.9 cm^{-1}、211.9 cm^{-1}、233.4 cm^{-1} 和 292.6 cm^{-1} 处出现 5 个拉曼振动峰、分别为 E_g^3、A_g^1、E_g^4、E_g^5、A_g^2 模式，与现有文献相吻合。其中，E_g^3 振动峰来自 Cr—Te 八面体的扭转振动，A_g^1 振动峰属于 3 个 Te 原子围绕 1 个 Cr 原子的摇摆振动。随着压强的增加，所有拉曼峰都向更高的波数范围移动，这是由单晶 $Cr_2Ge_2Te_6$ 中原子之间耦合的增加以及相关的化学键的缩短所致。同时，由于非静水压作用，声子振动峰随着压强的增加而逐渐变宽。在 8.1 GPa 时，E_g^4 振动峰消失，与此同时，其他振动峰的峰强相对减弱。当压强达到 12.9 GPa，压强导致 A_g^1 振动峰发生劈裂，表明样品的晶体结构发生相变。该压强点与 XRD 数据观察到的等结构相变点（14 GPa 左右）几乎一致。继续加压，所有拉曼振动峰持续减弱，并在 24.3 GPa 以上完全消失，这与非晶相的出现有关。卸压之后，没有任何振动峰出现，晶格结构依旧保持非晶相结构，表明观察到的转变是不可逆的。

5.3.3 $Cr_2Ge_2Te_6$ 的高压红外反射研究

图 5-6(a) 展示了 $Cr_2Ge_2Te_6$ 在不同压强下的红外反射光谱。反射率光谱中未显示 1800~2700 cm^{-1} 之间的数据，因为金刚石在该范围内具有很强的吸收能

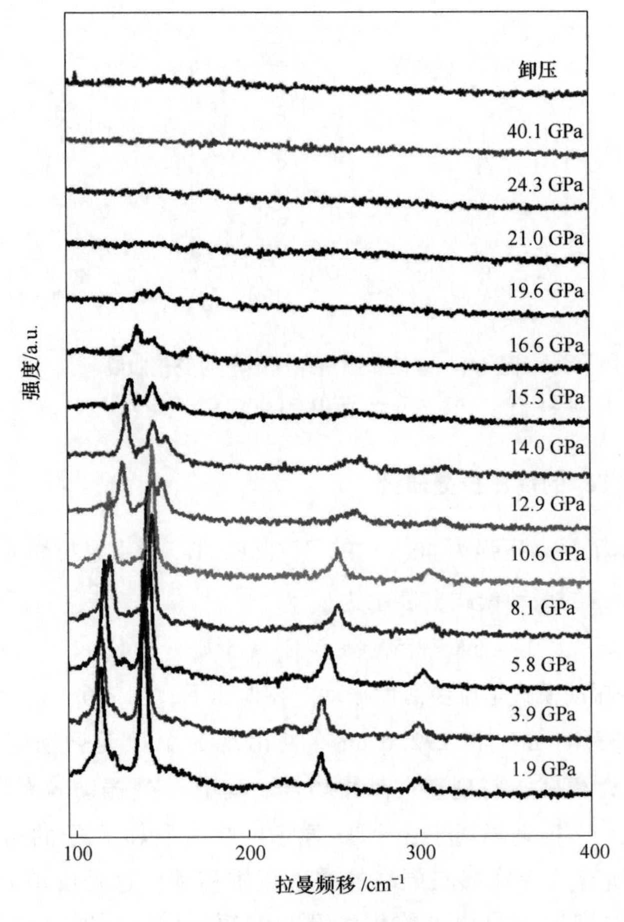

图 5-5 $Cr_2Ge_2Te_6$ 的高压拉曼光谱

图 5-5 彩图

力，易导致较大的误差，因而将其去除。在环境压强下，反射谱线几乎是平坦的。随着压强的增加，低频下的反射率在 0～13. 8 GPa 的压强范围内会显著增加，低频区域的反射率越高，表明载流子密度越高。高于 13. 8 GPa 时，反射率的变化不大，这表明载流子密度不再受压强影响。这些结果表明压强引起的半导体到金属的转变在 13. 8 GPa 左右完成，可能与等结构相变有关。有意思的是，高于 13. 8 GPa，高频区域的反射率逐渐增加，压强达到 21. 6 GPa，整个光谱范围的反射率几乎不再变化。

为了进一步分析红外反射数据，根据 Kramers-Kronig 关系对反射率进行拟合得到高压下光电导的实部。如图 5-6 所示，$Cr_2Ge_2Te_6$ 的光电导可以通过 Drude-Lorentz（DL）模型描述，该模型包括一个代表金属特性的 Drude 峰和两个代表束缚电子跃迁或晶格振动的 Lorentz 峰，拟合光电导的谱线质量很好。图 5-6(b) 展示了 Drude-Lorentz 拟合的 $Cr_2Ge_2Te_6$ 的光电导在高压下的变化图谱。可以清楚地观察到光电导随压强的增加而增加，加压至 21.6 GPa 后谱线几乎保持不变。一般来说，Drude 峰与载流子对金属化的贡献有关，主要影响低频反射率的变化。图 5-6(c) 展示了 Drude 峰在不同压强下的变化图谱。结果表明 $Cr_2Ge_2Te_6$ 的金属性在低压下逐渐增强，且样品在约 13.8 GPa 变为金属。此外，光谱重量 (*SW*) 代表有效载流子的吸收，且在高频区域受载流子的影响较小，因此计算了光谱重量：

$$SW_{\Omega_0}^{\Omega}(P) = \int_{\Omega_0}^{\Omega} \sigma(\omega,\ P)\,\mathrm{d}\omega \tag{5-2}$$

如图 5-6(d) 所示，光谱重量在高频区汇聚，是由电子间的强关联作用所致。强关联作用也是导致反射率在高频区增加的主要原因。

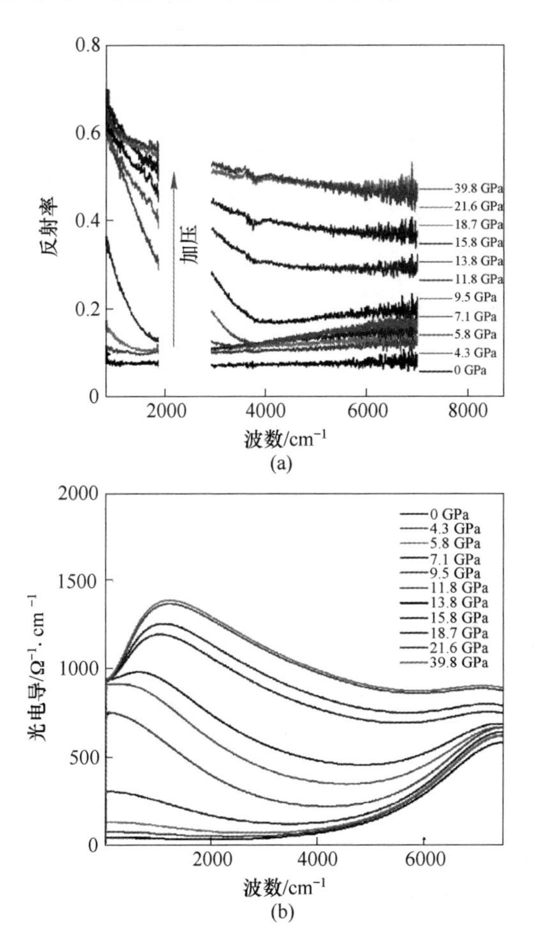

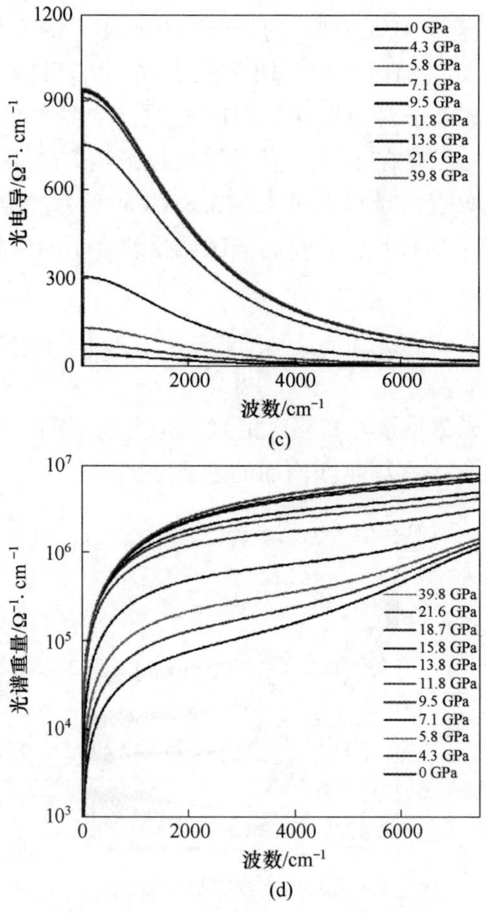

图 5-6 彩图

图 5-6 $Cr_2Ge_2Te_6$ 的高压红外反射变化图谱

（a）$Cr_2Ge_2Te_6$ 在不同压强下的红外反射图谱；（b）$Cr_2Ge_2Te_6$ 在不同压强下的光电导图谱；（c）$Cr_2Ge_2Te_6$ 在不同压强下的 Drude 峰图谱；（d）$Cr_2Ge_2Te_6$ 在不同压强下的光谱重量

5.3.4 $Cr_2Ge_2Te_6$ 的高压电输运研究

图 5-7 为室温下压强与电阻依赖关系的曲线。低于 14 GPa，样品的电阻随着压强的增加而降低，这可能归因于压强引起的载流子迁移率或载流子浓度的增加。现有的研究指出压强引起电阻的快速降低是半导体向金属过渡的前兆。在 14 GPa 左右，电阻异常的压强点与 XRD、Raman 和红外反射的压强点一致，是由等结构相变导致的。随着进一步施加压强，非晶相结构中的原子无序性可能会增强声子-电子的散射和电子波函数的局域化，从而导致电阻略有增加。

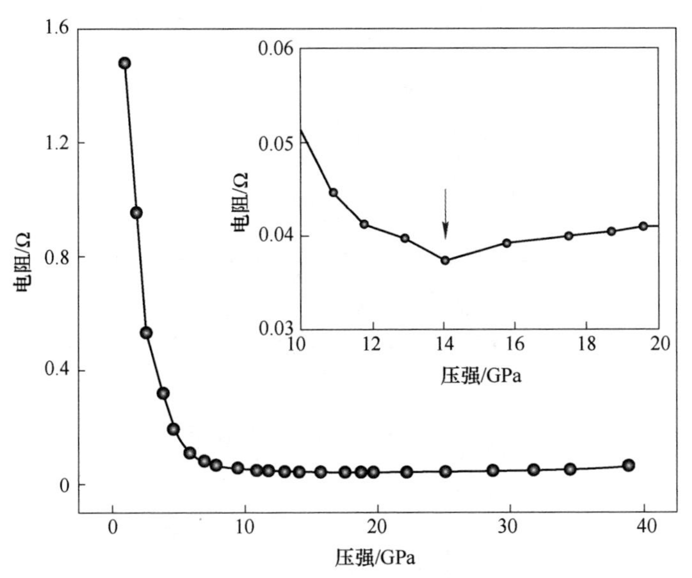

图 5-7 $Cr_2Ge_2Te_6$ 的电阻随压强的变化曲线
(插图为放大了转折点周围的曲线)

5.3.5 理论计算

为了进一步了解 $Cr_2Ge_2Te_6$ 的电子结构特性的演变，使用 VASP 软件程序计算其电子结构，计算过程中考虑了自旋-轨道耦合效应。图 5-8(a)~(d) 给出了 4 个具有代表性压强点的能带结构。可以看出 $Cr_2Ge_2Te_6$ 在环境压强下是一种间接带隙半导体（理论带隙约为 0.238 eV）。价带的最高点（VBM）和导带的最低点（CBM）沿着 M 到 L 方向随压强的增加向费米能级移动，随后价带穿过费米能级且与导带发生重叠，表明 $Cr_2Ge_2Te_6$ 发生金属化现象。值得注意的是，理论和实验数据之间的金属化压强点出现偏差，主要是因为 $Cr_2Ge_2Te_6$ 的带隙太小，

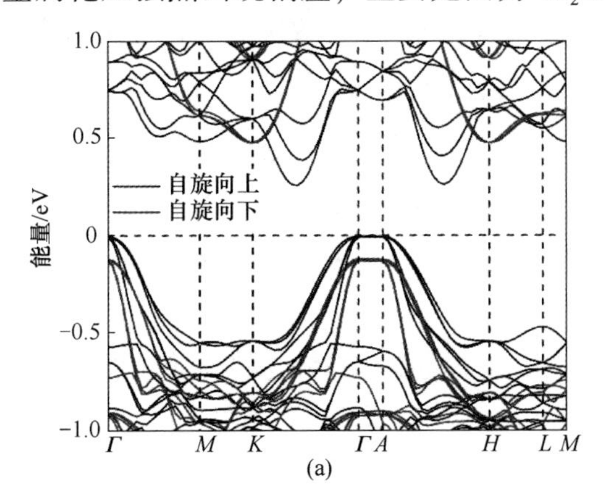

(a)

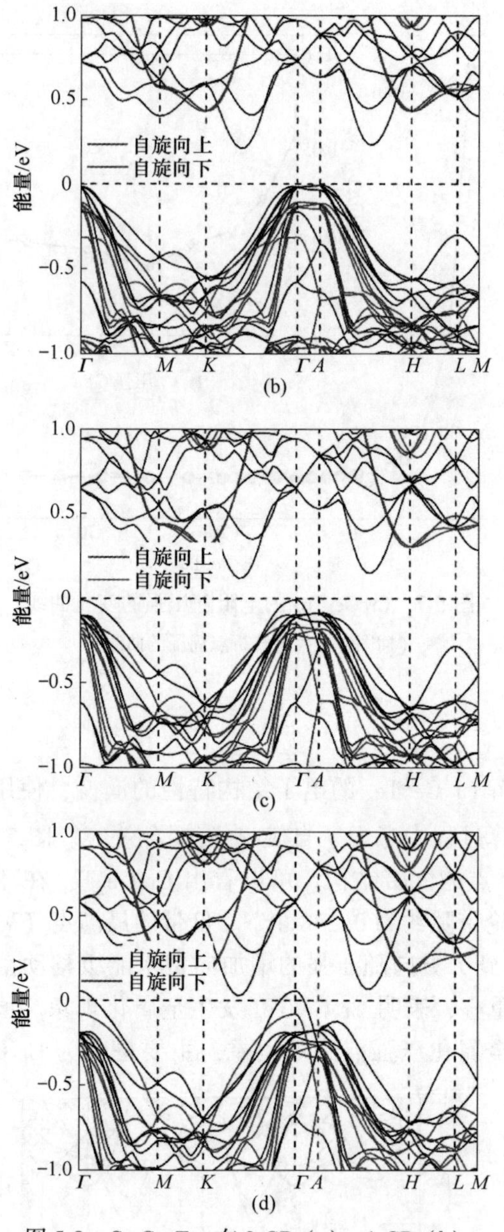

图 5-8 彩图

图 5-8 $Cr_2Ge_2Te_6$ 在 0 GPa(a)、1 GPa(b)、2 GPa(c) 和 3 GPa(d) 的电子能带结构

且 DFT 对带隙的计算结果偏小，类似的现象在先前的研究有所报道。尽管如此，理论计算的电子结构在压强下的变化趋势与实验的结果相吻合。

图 5-9(a)~(d) 显示了电子态密度（DOS），环境压强下费米能级处的 DOS 主要来自 Te-p 和 Cr-d 态的杂化。随着压强的增加，电子从 Te 原子的 p 轨

道向 Cr 原子的 d 轨道转移，表明 Te—Cr 的键能增加。与此同时，计算了 Te 之间的电子局域函数（ELE），图 5-10 显示层间 Te1 和 Te2 原子之间的距离随压强的增加而减小，说明层间相互作用力增加。由于在压强下电荷密度的重新分配使 Te2 和 Te3 之间成键，表明这些 Te 原子之间的电荷流在压强的作用下相对增多。

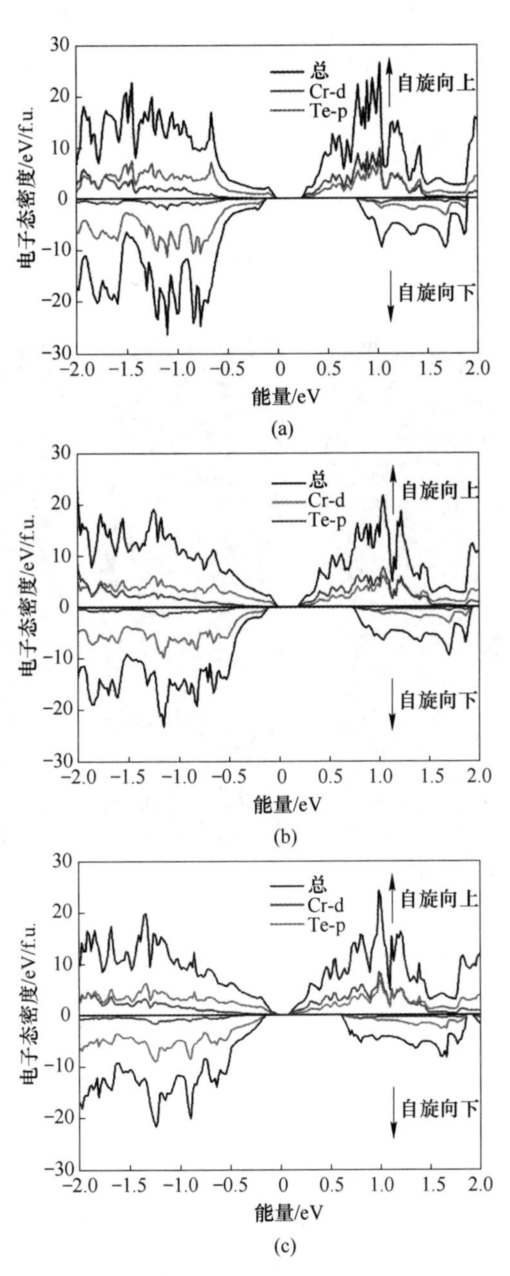

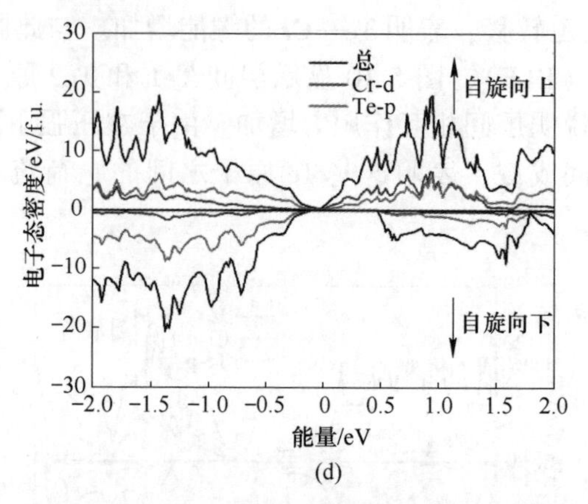

图 5-9 彩图

图 5-9 $Cr_2Ge_2Te_6$ 在不同压强下的电子态密度

（a）0 GPa；（b）1 GPa；（c）2 GPa；（d）3 GPa

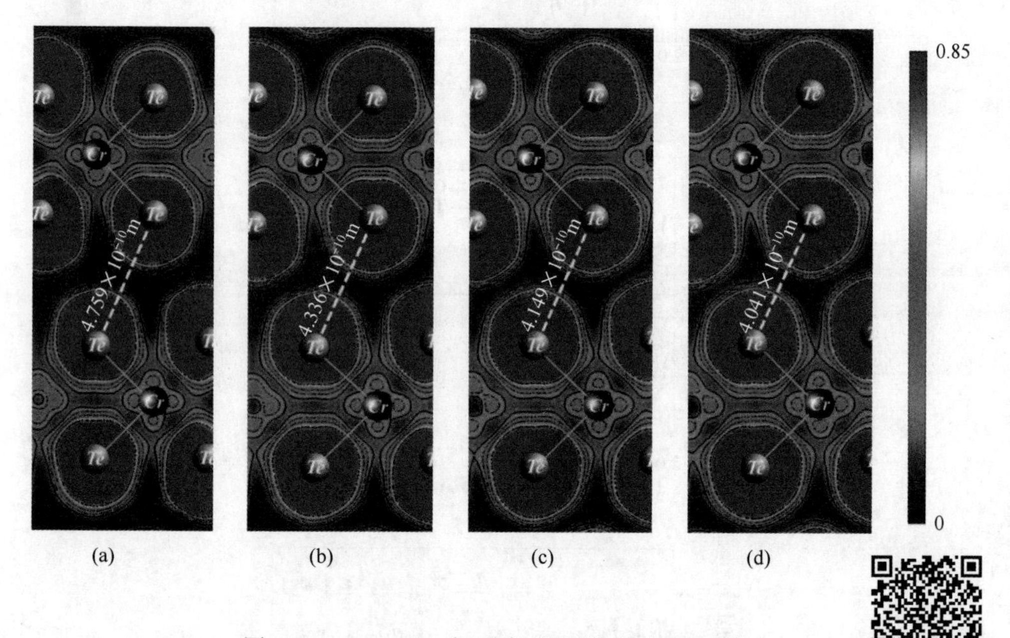

图 5-10 $Cr_2Ge_2Te_6$ 在不同压强下的电子局域函数

（a）0 GPa；（b）1 GPa；（c）2 GPa；（d）3 GPa

图 5-10 彩图

5.3.6 讨论

在之前的研究中，Sun 等人在低压强范围（0～10 GPa）内 $Cr_2Ge_2Te_6$ 中发现了强自旋晶格耦合的存在但未观察到结构过渡。Yu 等人发现 $Cr_2Ge_2Te_6$ 在 18 GPa 时经历了结构相变阶段的过渡，并在 30 GPa 时转变为非晶相。然而，新的高压的结构以及绝缘体与金属的过渡与结构演化之间的关系仍不明朗。通过

XRD 和 Raman 表征证明，$Cr_2Ge_2Te_6$ 在 13.8 GPa 发生等结构相变。红外光谱表明等结构相变的发生伴随着半导体到金属的转变，这与之前的报告不同。值得注意的是，当样品发生金属化现象后，Raman 信号通常会显著减弱或消失，这是由于表面质子阻止激光进入样品。但少数材料属于例外，例如，Fe_3O_4 在 8 GPa 发生金属化现象，然而，在 20 GPa 依然可以清晰观察到拉曼信号。之前关于二维层状材料的研究表明通过施加静水压对晶格结构的压缩会导致电阻的快速降低，伴随着样品从半导体转变为金属。金属化现象通常由压强引起电子结构的变化引起。在本实验中，尽管在约 14 GPa 处 XRD 数据表明没有结构相变的发生，通过对晶格参数的分析，发现低于 14 GPa，沿 c 轴方向的压缩率高于 a 轴方向，表明 $Cr_2Ge_2Te_6$ 存在各向异性的压缩性质，且层间相互作用明显增强。高于 14 GPa，轴向比（c/a）几乎保持不变，表明层内共价键的作用随之增强。理论计算表明压强缩短了层间 Te1—Te2 之间的接触距离，层间电荷流量增加，证明层间相互作用的增强。电子从 Te 原子的 p 轨道转移到 Cr 原子的 p 轨道，这表示 Te—Cr 的键能量增加，层内 Te2 和 Te3 原子通过电荷再分配相应成键，增强了层内共价键的相互作用。这些结果表明在压强的作用下发生了从层间相互作用向层内类共价键作用的转变。随后，压强引起 $Cr_2Ge_2Te_6$ 的带隙闭合，其价带和导带发生重叠以及费米面周围的电荷密度增加都证明了这一点。

5.4 本章小结

利用拉曼散射、高压原位 X 射线衍射、红外反射和电输运测量技术，研究了高压下层状铁磁性材料 $Cr_2Ge_2Te_6$ 的晶体结构和电子结构特性的变化。在约 14 GPa，观察到从层状到非层状结构的等结构相变，这是由层间相互作用的增强导致的。同时，红外反射和电输运测试表明 $Cr_2Ge_2Te_6$ 在类似的压强范围内从半导体向金属转变，这些结果说明等结构相变的过程中伴随着半导体到金属的转变，与之前的报道不同。理论计算导带和价带在压强的作用下发生重合导致带隙闭合，揭示了半导体到金属转变的机理。研究结果表明费米面周围电子结构的变化在压强引起的金属化现象中起着重要作用。此外，$Cr_2Ge_2Te_6$ 在 18.3 GPa 由于晶格畸变转变为亚稳态的混合相（R-3 初始相和亚稳相），在 R-3 结构相完全转变为亚稳相之前，在 23 GPa 出现非晶相，达到 34.2 GPa，母相和混合相完全转变为非晶相。这些结果表明压强对 $Cr_2Ge_2Te_6$ 的结构和性质的调控有极大的影响，并为了解层状铁磁材料的高压结构与物性提供了实验依据。

参考文献

[1] NOVOSELOV K S, JIANG D, SCHEDIN F, et al. Two-dimensional atomic crystals [J]. Proceedings of the National Academy of Sciences of the United States of America, 2005, 102 (30): 10451.

[2] KIM D H, KIM K, KO K T, et al. Giant magnetic anisotropy induced by ligand LS coupling in layered Cr compounds [J]. Physical Review Letters, 2019, 122 (20): 207201.

[3] Novoselov K S, Geim A K, Morozov SV, et al. Electric field effect in atomically thin carbon films [J]. Science, 2004, 306: 666-669.

[4] LI Y, LI J, LI Y, et al. High-temperature quantum anomalous Hall insulators in lithium-decorated iron-based superconductor materials [J]. Physical Review Letters, 2020, 125 (8): 086401.

[5] LI Z Q, HENRIKSEN E A, JIANG Z, et al. Dirac charge dynamics in graphene by infrared spectroscopy [J]. Nature Physics, 2008, 4 (7): 532-535.

[6] SPRINGER M A, LIU T J, KUC A, et al. Topological two-dimensional polymers [J]. Chemical Society Reviews, 2020, 49 (7): 2007-2019.

[7] REHMAN M U, HUA C, LU Y. Topology and ferroelectricity in group-V monolayers [J]. Chinese Physics B, 2020, 29 (5): 057304.

[8] ZHANG H. Ultrathin two-dimensional nanomaterials [J]. Acs Nano, 2015, 9 (10): 9451-9469.

[9] KANE C L, MELE E J. Quantum spin Hall effect in graphene [J]. Phys Rev Lett, 2005, 95 (22): 226801.

[10] JOY P A, VASUDEVAN S. Magnetism in the layered transition-metal thiophosphates MPS3 (M = Mn, Fe, and Ni) [J]. Physical Review B, Condensed Matter, 1992, 46 (9): 5425-5433.

[11] CHENG H C, WANG G M, LI D H, et al. van der Waals heterojunction devices based on organohalide perovskites and two-dimensional materials [J]. Nano Letters, 2016, 16 (1): 367-373.

[12] WANG L, JIE J S, SHAO Z B, et al. MoS_2/Si heterojunction with vertically standing layered structure for ultrafast, high-detectivity, self-driven visible-near infrared photodetectors [J]. Advanced Functional Materials, 2015, 25 (19): 2910-2919.

[13] KLITZING K V, DORDA G, PEPPER M. New method for high-accuracy determination of the fine-structure constant based on quantized hall resistance [J]. Physical Review Letters, 1980, 45 (6): 494-497.

[14] HASAN M Z, KANE C L. Colloquium: Topological insulators [J]. Reviews of Modern Physics, 2010, 82 (4): 3045-3067.

[15] THOULESS D J, KOHMOTO M, NIGHTINGALE M P, et al. Quantized Hall conductance in a two-dimensional periodic potential [J]. Physical Review Letters, 1982, 49 (6): 405-408.

[16] TSUI D C, STORMER H L, GOSSARD A C. Two-dimensional magnetotransport in the extreme quantum limit [J]. Physical Review Letters, 1982, 48 (22): 1559-1562.

[17] HALDANE F D. Model for a quantum Hall effect without Landau levels: Condensed-matter realization of the "parity anomaly" [J]. Phys Rev Lett, 1988, 61 (18): 2015-2018.

[18] KANE C L, MELE E J. Z_2 topological order and the quantum spin Hall effect [J]. Phys Rev Lett, 2005, 95 (14): 146802.

[19] BERNEVIG B A, HUGHES T L, ZHANG S C. Quantum spin Hall effect and topological phase transition in HgTe quantum wells [J]. Science, 2006, 314 (5806): 1757-1561.

[20] LIU C, HUGHES T L, QI X L, et al. Quantum spin Hall effect in inverted type-Ⅱ semiconductors [J]. Phys Rev Lett, 2008, 100 (23): 236601.

[21] KöNIG M, BUHMANN H, W. MOLENKAMP L, et al. The quantum spin Hall effect: Theory and experiment [J]. Journal of the Physical Society of Japan, 2008, 77 (3): 031007.

[22] KONIG M, WIEDMANN S, BRUNE C, et al. Quantum spin hall insulator state in HgTe quantum wells [J]. Science, 2007, 318 (5851): 766-770.

[23] KNEZ I, DU R R, SULLIVAN G. Evidence for helical edge modes in inverted InAs/GaSb quantum wells [J]. Physical Review Letters, 2011, 107 (13): 136603.

[24] FU L, KANE C L. Topological insulators with inversion symmetry [J]. Physical Review B, 2007, 76 (4): 045302.

[25] HSIEH D, QIAN D, WRAY L, et al. A topological Dirac insulator in a quantum spin Hall phase [J]. Nature, 2008, 452 (7190): 970-975.

[26] ROY R. Topological phases and the quantum spin Hall effect in three dimensions [J]. Physical Review B, 2009, 79 (19): 195322.

[27] ZHANG H J, LIU C X, QI X L, et al. Topological insulators in Bi_2Se_3, Bi_2Te_3 and Sb_2Te_3 with a single Dirac cone on the surface [J]. Nature Physics, 2009, 5 (6): 438-442.

[28] XIA Y, QIAN D, HSIEH D, et al. Observation of a large-gap topological-insulator class with a single Dirac cone on the surface [J]. Nature Physics, 2009, 5 (6): 398-402.

[29] XIA Y N, XIONG Y J, LIM B, et al. Shape-controlled synthesis of metal nanocrystals: Simple chemistry meets complex physics? [J]. Angewandte Chemie-International Edition, 2009, 48 (1): 60-103.

[30] HSIEH D, XIA Y, QIAN D, et al. Observation of time-reversal-protected single-dirac-cone topological-insulator states in Bi_2Te_3 and Sb_2Te_3 [J]. Physical Review Letters, 2009, 103 (14): 146401.

[31] CHEN Y L, ANALYTIS J G, CHU J H, et al. Experimental realization of a three-dimensional topological insulator, Bi_2Te_3 [J]. Science, 2009, 325 (5937): 178-181.

[32] KONG D S, CHEN Y L, CHA J J, et al. Ambipolar field effect in the ternary topological insulator $(Bi_xSb_{1-x})_2Te_3$ by composition tuning [J]. Nature Nanotechnology, 2011, 6 (11): 705-709.

[33] ZHANG J, CHANG C Z, ZHANG Z, et al. Band structure engineering in $(Bi_{1-x}Sb_x)_2Te_3$

ternary topological insulators [J]. Nature Communications, 2011, 2 (1): 574.
[34] RAGHU S, QI X L, HONERKAMP C, et al. Topological mott insulators [J]. Physical Review Letters, 2008, 100 (15): 156401.
[35] GROTH C W, WIMMER M, AKHMEROV A R, et al. Theory of the topological Anderson insulator [J]. Physical Review Letters, 2009, 103 (19): 196805.
[36] JIANG H, WANG L, SUN Q F, et al. Numerical study of the topological Anderson insulator in HgTe/CdTe quantum wells [J]. Physical Review B, 2009, 80 (16): 165316.
[37] LI J, CHU R L, JAIN J K, et al. Topological Anderson insulator [J]. Physical Review Letters, 2009, 102 (13): 136806.
[38] DZERO M, SUN K, GALITSKI V, et al. Topological Kondo insulators [J]. Physical Review Letters, 2010, 104 (10): 106408.
[39] WENG H, DAI X, FANG Z. Topological semimetals predicted from first-principles calculations [J]. Journal of Physics: Condensed Matter, 2016, 28 (30): 303001.
[40] DIRAC P A M. The quantum theory of the electron [J]. Proceedings of the royal society of London series A, containing papers of a mathematical and physical character, 1928, 117 (778): 610-624.
[41] WEYL H. Gravitation and the Electron [J]. Proceedings of the national academy of sciences of the united states of america, 1929, 15 (4): 323-334.
[42] FANG Z, NAGAOSA N, TAKAHASHI K S, et al. The anomalous Hall effect and magnetic monopoles in momentum space [J]. Science, 2003, 302 (5642): 92-95.
[43] XIONG J, KUSHWAHA S, KRIZAN J, et al. Anomalous conductivity tensor in the Dirac semimetal Na_3Bi [J]. EPL, 2016, 114 (2): 27002.
[44] XIONG J, KUSHWAHA S K, LIANG T, et al. Evidence for the chiral anomaly in the Dirac semimetal Na_3Bi [J]. Science, 2015, 350 (6259): 413-416.
[45] WANG Z J, SUN Y, CHEN X Q, et al. Dirac semimetal and topological phase transitions in A_3Bi (A=Na, K, Rb) [J]. Physical Review B, 2012, 85 (19): 195320.
[46] LIU Z K, ZHOU B, ZHANG Y, et al. Discovery of a three-dimensional topological Dirac semimetal, Na_3Bi [J]. Science, 2014, 343 (6173): 864-867.
[47] YANG B J, NAGAOSA N. Classification of stable three-dimensional Dirac semimetals with nontrivial topology [J]. Nature Communications, 2014, 5 (1): 4898.
[48] XU S Y, LIU C, KUSHWAHA S K, et al. Observation of Fermi arc surface states in a topological metal [J]. Science, 2015, 347 (6219): 294-298.
[49] BORISENKO S, GIBSON Q, EVTUSHINSKY D, et al. Experimental realization of a three-dimensional Dirac semimetal [J]. Physical Review Letters, 2014, 113 (2): 027603.
[50] JEON S, ZHOU B B, GYENIS A, et al. Landau quantization and quasiparticle interference in the three-dimensional Dirac semimetal Cd_3As_2 [J]. Nature Materials, 2014, 13 (9): 851-856.
[51] GORBAR E V, MIRANSKY V A, SHOVKOVY I A, et al. Origin of dissipative Fermi arc transport in Weyl semimetals [J]. Physical Review B, 2016, 93 (23): 235127.

[52] NIELSEN H B, NINOMIYA M. The Adler-Bell-Jackiw anomaly and Weyl fermions in a crystal [J]. Physics Letters B, 1983, 130 (6): 389-396.

[53] BURKOV A. Chiral anomaly without relativity [J]. Science, 2015, 350 (6259): 378-379.

[54] YOSHIDA K. A Geometrical transport model for inhomogeneous current distribution in semimetals under high magnetic fields [J]. Journal of the Physical Society of Japan, 1976, 40 (4): 1027-1034.

[55] YAN X, ZHANG C, LIU S S, et al. Two-carrier transport in $SrMnBi_2$ thin films [J]. Frontiers of Physics, 2017, 12 (3): 127209.

[56] TAN X S, ZHAO Y X, LIU Q, et al. Simulation and manipulation of tunable Weyl-semimetal bands using superconducting quantum circuits [J]. Physical Review Letters, 2019, 122 (1): 10501.

[57] XU G, WENG H M, WANG Z J, et al. Chern semimetal and the quantized anomalous Hall effect in $HgCr_2Se_4$ [J]. Physical Review Letters, 2011, 107 (18): 186806.

[58] PARAMESWARAN S A, GROVER T, ABANIN D A, et al. Probing the chiral anomaly with nonlocal transport in three-dimensional topological semimetals [J]. Physical Review X, 2014, 4 (3): 031035.

[59] WAN X G, TURNER A M, VISHWANATH A, et al. Topological semimetal and Fermi-arc surface states in the electronic structure of pyrochlore iridates [J]. Physical Review B, 2011, 83 (20): 205101.

[60] BURKOV A A, BALENTS L. Weyl Semimetal in a topological insulator multilayer [J]. Physical Review Letters, 2011, 107 (12): 127205.

[61] WENG H M, FANG C, FANG Z, et al. Weyl semimetal phase in noncentrosymmetric transition-metal monophosphides [J]. Physical Review X, 2015, 5 (1): 011029.

[62] LV B Q, XU N, WENG H M, et al. Observation of Weyl nodes in TaAs [J]. Nature Physics, 2015, 11 (9): 724-727.

[63] HALáSZ G B, BALENTS L. Time-reversal invariant realization of the Weyl semimetal phase [J]. Physical Review B, 2012, 85 (3): 035103.

[64] ZYUZIN A A, WU S, BURKOV A A. Weyl semimetal with broken time reversal and inversion symmetries [J]. Physical Review B, 2012, 85 (16): 165110.

[65] DAS T. Weyl semimetal and superconductor designed in an orbital-selective superlattice [J]. Physical Review B, 2013, 88 (3): 035444.

[66] SINGH B, SHARMA A, LIN H, et al. Topological electronic structure and Weyl semimetal in the $TiBiSe_2$ class of semiconductors [J]. Physical Review B, 2012, 86 (11): 115208.

[67] LIU J P, VANDERBILT D. Weyl semimetals from noncentrosymmetric topological insulators [J]. Physical Review B, 2014, 90 (15): 155316.

[68] SHUICHI M. Phase transition between the quantum spin Hall and insulator phases in 3D: emergence of a topological gapless phase [J]. New Journal of Physics, 2007, 9 (9): 356.

[69] OJANEN T. Helical Fermi arcs and surface states in time-reversal invariant Weyl semimetals

[J]. Physical Review B, 2013, 87 (24): 245112.

[70] HIRAYAMA M, OKUGAWA R, ISHIBASHI S, et al. Weyl node and spin texture in trigonal tellurium and selenium [J]. Physical Review Letters, 2015, 114 (20): 206401.

[71] HUANG S M, XU S Y, BELOPOLSKI I, et al. A Weyl Fermion semimetal with surface Fermi arcs in the transition metal monopnictide TaAs class [J]. Nature Communications, 2015, 6 (1): 7373.

[72] XU S Y, BELOPOLSKI I, SANCHEZ D S, et al. Spin polarization and texture of the Fermi arcs in the Weyl Fermion semimetal TaAs [J]. Physical Review Letters, 2016, 116 (9): 96801.

[73] INOUE H, GYENIS A, WANG Z J, et al. Quasiparticle interference of the Fermi arcs and surface-bulk connectivity of a Weyl semimetal [J]. Science, 2016, 351 (6278): 1184-1187.

[74] BATABYAL R, MORALI N, AVRAHAM N, et al. Visualizing weakly bound surface Fermi arcs and their correspondence to bulk Weyl fermions [J]. Science Advances, 2016, 2 (8): e1600709.

[75] HUANG X C, ZHAO L X, LONG Y J, et al. Observation of the chiral-anomaly-induced negative magnetoresistance in 3D Weyl semimetal TaAs [J]. Physical Review X, 2015, 5 (3): 031023.

[76] ZHANG C L, XU S Y, BELOPOLSKI I, et al. Signatures of the Adler-Bell-Jackiw chiral anomaly in a Weyl fermion semimetal [J]. Nature Communications, 2016, 7 (1): 10735.

[77] XU N, WENG H M, LV B Q, et al. Observation of Weyl nodes and Fermi arcs in tantalum phosphide [J]. Nature Communications, 2016, 7 (1): 11006.

[78] CHANG G Q, XU S Y, ZHENG H, et al. Signatures of Fermi arcs in the quasiparticle interferences of the Weyl semimetals TaAs and NbP [J]. Physical Review Letters, 2016, 116 (6): 066601.

[79] ZHENG H, XU S Y, BIAN G, et al. Atomic-scale visualization of quantum interference on a Weyl semimetal surface by scanning tunneling microscopy [J]. ACS NANO, 2016, 10 (1): 1378-1385.

[80] XU N, AUTES G, MATT C E, et al. Distinct evolutions of Weyl fermion quasiparticles and Fermi arcs with bulk band topology in Weyl semimetals [J]. Physical Review Letters, 2017, 118 (10): 106406.

[81] XU S Y, ALIDOUST N, BELOPOLSKI I, et al. Discovery of a Weyl fermion state with Fermi arcs in niobium arsenide [J]. Nature Physics, 2015, 11 (9): 748-754.

[82] SOLUYANOV A A, GRESCH D, WANG Z J, et al. Type-Ⅱ Weyl semimetals [J]. Nature, 2015, 527 (7579): 495-498.

[83] BURKOV A A, HOOK M D, BALENTS L. Topological nodal semimetals [J]. Physical Review B, 2011, 84 (23): 235126.

[84] YANG S Y, YANG H, DERUNOVA E, et al. Symmetry demanded topological nodal-line materials [J]. Advances in Physics-X, 2018, 3 (1): 262-296.

[85] FENG B, FU B, KASAMATSU S, et al. Experimental realization of two-dimensional Dirac nodal line fermions in monolayer Cu_2Si [J]. Nature Communications, 2017, 8 (1): 1007.

[86] YI C J, LV B Q, WU Q S, et al. Observation of a nodal chain with Dirac surface states in TiB_2 [J]. Physical Review B, 2018, 97 (20): 201107.

[87] CHANG T R, PLETIKOSIC I, KONG T, et al. Realization of a Type-Ⅱ nodal-Line semimetal in Mg_3Bi_2 [J]. Advanced Science, 2019, 6 (4): 1800897.

[88] BIAN G, CHANG T R, SANKAR R, et al. Topological nodal-line fermions in spin-orbit metal $PbTaSe_2$ [J]. Nature Communications, 2016, 7 (1): 10556.

[89] SCHOOP L M, ALI M N, STRAßER C, et al. Dirac cone protected by non-symmorphic symmetry and three-dimensional Dirac line node in ZrSiS [J]. Nature Communications, 2016, 7 (1): 11696.

[90] WENG H M, LIANG Y Y, XU Q N, et al. Topological node-line semimetal in three-dimensional graphene networks [J]. Physical Review B, 2015, 92 (4): 45108.

[91] KOPNIN N B, HEIKKILA T T, VOLOVIK G E. High-temperature surface superconductivity in topological flat-band systems [J]. Physical Review B, 2011, 83 (22): 220503.

[92] HEIKKILA T T, KOPNIN N B, VOLOVIK G E. Flat bands in topological media [J]. JETP Letters, 2011, 94 (3): 252-258.

[93] HUH Y, MOON E G, KIM Y B. Long-range Coulomb interaction in nodal-ring semimetals [J]. Physical Review B, 2016, 93 (3): 035138.

[94] LIM L K, MOESSNER R. Pseudospin vortex ring with a nodal line in three dimensions [J]. Physical Review Letters, 2017, 118 (1): 16401.

[95] RAMAMURTHY S T, HUGHES T L. Quasitopological electromagnetic response of line-node semimetals [J]. Physical Review B, 2017, 95 (7): 75138.

[96] BRADLYN B, CANO J, WANG Z J, et al. Beyond Dirac and Weyl fermions: Unconventional quasiparticles in conventional crystals [J]. Science, 2016, 353 (6299): 5037.

[97] WENG H, FANG C, FANG Z, et al. Topological semimetals with triply degenerate nodal points in θ-phase tantalum nitride [J]. Physical Review B, 2016, 93 (24): 241202.

[98] ZHU Z M, WINKLER G W, WU Q S, et al. Triple point topological metals [J]. Physical Review X, 2016, 6 (3): 031003.

[99] CHANG G, XU S Y, HUANG S M, et al. Nexus fermions in topological symmorphic crystalline metals [J]. Scientific Reports, 2017, 7 (1): 1688.

[100] LV B Q, FENG Z L, XU Q N, et al. Observation of three-component fermions in the topological semimetal molybdenum phosphide [J]. Nature, 2017, 546 (7660): 627-631.

[101] SARMA S D, FREEDMAN M, NAYAK C. Majorana zero modes and topological quantum computation [J]. npj Quantum Information, 2015, 1 (1): 15001.

[102] XIANG Z J, YE G J, SHANG C, et al. Pressure-induced electronic transition in black phosphorus [J]. Physical Review Letters, 2015, 115 (18): 186403.

[103] ZHANG M, WANG X, RAHMAN A, et al. Pressure-induced topological phase transitions and structural transition in 1T-$TiTe_2$ single crystal [J]. Applied Physics Letters, 2018, 112

(4): 041907.

[104] RAJAJI V, DUTTA U, SREEPARVATHY P C, et al. Structural, vibrational, and electrical properties of 1T-$TiTe_2$ under hydrostatic pressure: Experiments and theory [J]. Physical Review B, 2018, 97 (8): 085107.

[105] LIFSHITZ I M, et al. Anomalies of electron characteristics of a metal in the high pressure region [J]. Soviet Physics JETP, 1960, 9 (11): 1130-1135.

[106] BERA A, PAL K, MUTHU D V S, et al. Sharp Raman anomalies and broken adiabaticity at a pressure induced transition from band to topological insulator in Sb_2Se_3 [J]. Physical Review Letters, 2013, 110 (10): 107401.

[107] MEISSNER W, OCHSENFELD R. Ein neuer effekt bei eintritt der supraleitfhigkeit [J]. Naturwissenschaften, 1933, 21 (44): 787-788.

[108] STRUZHKIN V V, HEMLEY R J, MAO H K, et al. Superconductivity at 10-17 K in compressed sulphur [J]. Nature, 1997, 390 (6658): 382-384.

[109] STRUZHKIN V V, EREMETS M I, GAN W, et al. Superconductivity in dense lithium [J]. Science, 2002, 298 (5596): 1213-1215.

[110] GAO L, XUE Y Y, CHEN F, et al. Superconductivity up to 164 K in $HgBa_2Ca_{m-1}Cu_mO_{2m+2+\delta}$ (m= 1, 2, and 3) under quasihydrostatic pressures [J]. Physical Review B, 1994, 50 (6): 4260-4263.

[111] SUN L, CHEN X J, GUO J, et al. Re-emerging superconductivity at 48 kelvin in iron chalcogenides [J]. Nature, 2012, 483 (7387): 67-69.

[112] DROZDOV A P, EREMETS M I, TROYAN I A, et al. Conventional superconductivity at 203 kelvin at high pressures in the sulfur hydride system [J]. Nature, 2015, 525 (7567): 73-76.

[113] DROZDOV A P, KONG P P, MINKOV V S, et al. Superconductivity at 250 K in lanthanum hydride under high pressures [J]. Nature, 2019, 569 (7757): 528-531.

[114] QI Y, NAUMOV P G, ALI M N, et al. Superconductivity in Weyl semimetal candidate $MoTe_2$ [J]. Nature Communications, 2016, 7 (1): 11038.

[115] PAN X C, CHEN X, LIU H, et al. Pressure-driven dome-shaped superconductivity and electronic structural evolution in tungsten ditelluride [J]. Nature Communications, 2015, 6 (1): 7805.

[116] GUGUCHIA Z, VON ROHR F, SHERMADINI Z, et al. Signatures of the topological s^{+-} superconducting order parameter in the type-Ⅱ Weyl semimetal T_d-$MoTe_2$ [J]. Nature Communications, 2017, 8 (1): 1082.

[117] KANG D, ZHOU Y, YI W, et al. Superconductivity emerging from a suppressed large magnetoresistant state in tungsten ditelluride [J]. Nature Communications, 2015, 6 (1): 7804.

[118] LI Y, GU Q, CHEN C, et al. Nontrivial superconductivity in topological $MoTe_{2-x}S_x$ crystals [J]. Proceedings of the National Academy of Sciences, 2018, 115 (38): 201801650.

[119] KIRSHENBAUM K, SYERS PS, HOPE A P, et al. Pressure-induced unconventional

superconducting phase in the topological insulator Bi_2Se_3 [J]. Physical Review L, 2013, 111: 87001.

[120] ZHANG C, SUN L, CHEN Z, et al. Phase diagram of a pressure-induced superconducting state and its relation to the Hall coefficient of Bi_2Te_3 single crystals [J]. Physical Review B, 2011, 83: 140504.

[121] HU K, WEI Z, YANG Z, et al. One-step synthesis of few layers g-C_3N_4 with suitable band structure and enhanced photocatalytic activities [J]. Chemical Physics Letters, 2019, 732, 136613.

[122] LIU S, SUN S, GAN C K, et al. Manipulating efficient light emission in two-dimensional perovskite crystals by pressure-induced anisotropic deformation [J]. Science advances, 2019, 5 (7): eaav9445.

[123] SAITO Y, NOJIMA T, IWASA Y. Highly crystalline 2D superconductors [J]. Nature Reviews Materials, 2016, 2 (1): 16094.

[124] HUANG B, CLARK G, NAVARRO-MORATALLA E, et al. Layer-dependent ferromagnetism in a van der Waals crystal down to the monolayer limit [J]. Nature, 2017, 546 (7657): 270-273.

[125] LADO J L, FERNáNDEZ-ROSSIER J. On the origin of magnetic anisotropy in two dimensional CrI_3 [J]. 2D Materials, 2017, 4 (3): 035002.

[126] YU W, LI J, HERNG T S, et al. Chemically exfoliated VSe_2 monolayers with room-temperature ferromagnetism [J]. Advanced Materials, 2019, 31 (40): 1903779.

[127] GUO Y L, WANG B, ZHANG X W, et al. Magnetic two-dimensional layered crystals meet with ferromagnetic semiconductors [J]. InfoMat, 2020, 2 (4): 639-655.

[128] GRöNKE M, BUSCHBECK B, SCHMIDT P, et al. Chromium trihalides CrX_3 (X=Cl, Br, I): Direct deposition of micro-and nanosheets on substrates by chemical vapor transport [J]. Advanced Materials Interfaces, 2019, 6 (24): 1901410.

[129] WEN Y, LIU Z H, ZHANG Y, et al. Tunable room-temperature ferromagnetism in two-dimensional Cr_2Te_3 [J]. Nano Letters, 2020, 20 (5): 3130-3139.

[130] DENG Y J, YU Y J, SONG Y C, et al. Gate-tunable room-temperature ferromagnetism in two-dimensional Fe_3GeTe_2 [J]. Nature, 2018, 563 (7729): 94-99.

[131] MONDAL S, KANNAN M, DAS M, et al. Effect of hydrostatic pressure on ferromagnetism in two-dimensional CrI_3 [J]. Physical Review B, 2019, 99 (18): 180407.

[132] LI T X, JIANG S W, SIVADAS N, et al. Pressure-controlled interlayer magnetism in atomically thin CrI_3 [J]. Nature Materials, 2019, 18 (12): 1303-1308.

[133] AHMAD A S, LIANG Y C, DONG M D, et al. Pressure-driven switching of magnetism in layered $CrCl_3$ [J]. Nanoscale, 2020, 12 (45): 22935-22944.

[134] SUBHAN F, KHAN I, HONG J. Pressure-induced ferromagnetism and enhanced perpendicular magnetic anisotropy of bilayer CrI_3 [J]. Journal of Physics: Condensed Matter, 2019, 31: 355001.

[135] WANG X, LI Z, ZHANG M, et al. Pressure-induced modification of the anomalous Hall

effect in layered Fe_3GeTe_2 [J]. Physical Review B, 2019, 100 (1): 14407.

[136] SINGHA R, SAMANTA S, CHATTERJEE S, et al. Probing lattice dynamics and electron-phonon coupling in the topological nodal-line semimetal ZrSiS [J]. Physical Review B, 2018, 97 (9): 12.

[137] VANGENNEP D, PAUL T A, YERGER C W, et al. Possible pressure-induced topological quantum phase transition in the nodal line semimetal ZrSiS [J]. Physical Review B, 2019, 99 (8): 085204.

[138] AGGARWAL L, SINGH C K, ASLAM M, et al. Tip-induced superconductivity coexisting with preserved topological properties in line-nodal semimetal ZrSiS [J]. Journal of Physics: Condensed Matter, 2019, 31 (48): 485707.

[139] SUN Y, XIAO R C, LIN G T, et al. Effects of hydrostatic pressure on spin-lattice coupling in two-dimensional ferromagnetic $Cr_2Ge_2Te_6$ [J]. Applied Physics Letters, 2018, 112 (7): 072409.

[140] TIAN Y, XU B, YU D, et al. Ultrahard nanotwinned cubic boron nitride [J]. Nature, 2013, 493 (7432): 385-388.

[141] LV H Y, ZHANG S Y, LI M H, et al. Metallization and superconductivity in methane doped by beryllium at low pressure [J]. Physical Chemistry Chemical Physics, 2020, 22 (3): 1069-1077.

[142] NAYAK A P, BHATTACHARYYA S, ZHU J, et al. Pressure-induced semiconducting to metallic transition in multilayered molybdenum disulphide [J]. Nature Communications, 2014, 5 (1): 3731.

[143] WANG Y, ZHOU Z, WEN T, et al. Pressure-driven cooperative spin-crossover, large-volume collapse, and semiconductor-to-metal transition in manganese (Ⅱ) honeycomb lattices [J]. Journal of the American Chemical Society, 2016, 138 (48): 15751-15757.

[144] DROZDOV A P, EREMETS M I, TROYAN I A, et al. Conventional superconductivity at kelvin at high pressures in the sulfur hydride system [J]. Nature, 2015, 525 (7567): 73-76.

[145] JAYARAMAN A. Ultrahigh pressures [J]. Review of Scientific Instruments, 1986, 57 (6): 1013-1031.

[146] BRIDGMAN P W. Water, in the liquid and five solid forms, under pressure [J]. 1912. Proceedings of the American Academy of Arts and Sciences, 1912, 47: 441-558.

[147] LAWSON A W, TANG T Y. A Diamond bomb for obtaining powder pictures at high pressures [J]. Review of Scientific Instruments, 1950, 21 (9): 815.

[148] MAO H K. High-pressure physics: sustained static generation of 1.36 to 1.72 megabars [J]. Science (New York, N. Y.), 1978, 200 (4346): 1145-1147.

[149] DUBROVINSKAIA N, DUBROVINSKY L, SOLOPOVA N, et al. Terapascal static pressure generation with ultrahigh yield strength nanodiamond [J]. Science Advances, 2016, 2 (7): e1600341.

[150] MERRILL L, BASSETT W A. Miniature diamond anvil pressure cell for single crystal X-ray diffraction studies [J]. Review of Scientific Instruments, 1974, 45 (2): 290-294.

[151] JAYARAMAN A. Diamond anvil cell and high-pressure physical investigations [J]. Review of Modern Physics, 1983, 55 (55): 65-108.

[152] ZOU G T, MA Y Z, MAO H K, et al. A diamond gasket for the laser-heated diamond anvil cell [J]. Review of Scientific Instruments, 2001, 72 (2): 1298-1301.

[153] SHINODA K, YAMAKATA M, NANBA T, et al. High-pressure phase transition and behavior of protons in brucite $Mg(OH)_2$: a high-pressure-temperature study using IR synchrotron radiation [J]. Physics and Chemistry of Minerals, 2002, 29 (6): 396-402.

[154] CUI H, PIKE R D, KERSHAW R, et al. Syntheses of Ni_3S_2, Co_9S_8, and ZnS by the decomposition of diethyldithiocarbamate complexes [J]. Journal of Solid State Chemistry, 1992, 101: 115-118.

[155] ABBOUDI M, MOSSET A. Synthesis of d transition metal sulfides from amorphous dithiooxamide complexes [J]. Journal of Solid State Chemistry, 1994, 109: 70-73.

[156] PIERMARINI G J, BLOCK S, BARNETT J D, et al. Calibration of the pressure dependence of the R1 ruby fluorescence line to 195 kbar [J]. Journal of Applied Physics, 1975, 46 (6): 2774-2780.

[157] AKAHAMA Y, KAWAMURA H. Pressure calibration of diamond anvil Raman gauge to 310 GPa [J]. Journal of Applied Physics, 2006, 100 (4): 043516.

[158] HEMLEY R J, PORTER R F. Raman spectroscopy at ultrahigh pressures [J]. Scripta Metallurgica, 1988, 22 (2): 139-144.

[159] HIRSCH K R, HOLZAPFEL W B. Diamond anvil high-pressure cell for Raman spectroscopy [J]. Review of Scientific Instruments, 1981, 52 (1): 52-55.

[160] FERRARI A C, BASKO D M. Raman spectroscopy as a versatile tool for studying the properties of graphene [J]. Nature Nanotechnology, 2013, 8 (4): 235-246.

[161] AMER S. Van der Pauw's method of measuring resistivities on lamellae of non-uniform resistivity [J]. Solid-State Electronics, 1963, 6 (2): 141-145.

[162] KOON D W, BAHL A A, DUNCAN E O. Measurement of contact placement errors in the van der Pauw technique [J]. Review of Scientific Instruments, 1989, 60 (2): 275-276.

[163] KONONOV A, SHVETSOV O O, EGOROV S V, et al. Signature of Fermi arc surface states in Andreev reflection at the WTe_2 Weyl semimetal surface [J]. EPL (Europhysics Letters), 2018, 122 (2): 27004.

[164] FANG C, CHEN Y G, KEE H Y, et al. Topological nodal line semimetals with and without spin-orbital coupling [J]. Physical Review B, 2015, 92 (8): 081201.

[165] ALI M N, SCHOOP L M, GARG C, et al. Butterfly magnetoresistance, quasi-2D Dirac Fermi surface and topological phase transition in ZrSiS [J]. Science Advances, 2016, 2 (12): e1601742.

[166] RHIM J W, KIM Y B. Landau level quantization and almost flat modes in three-dimensional semimetals with nodal ring spectra [J]. Physical Review B, 2015, 92 (4): 045126.

[167] LIU Z H, LOU R, GUO P J, et al. Experimental observation of Dirac nodal links in centrosymmetric semimetal TiB_2 [J]. Phys Rev X, 2018, 8 (3): 031044.

[168] SCHILLING M B, SCHOOP L M, LOTSCH B V, et al. Flat optical conductivity in ZrSiS due to two-dimensional Dirac bands [J]. Physical Review Letters, 2017, 119 (18): 187401.

[169] HOSEN M M, DIMITRI K, BELOPOLSKI I, et al. Tunability of the topological nodal-line semimetal phase in ZrSiX-type materials (X=S, Se, Te) [J]. Physical Review B, 2017, 95 (16): 161101.

[170] HU J, TANG Z J, LIU J Y, et al. Evidence of topological nodal-line fermions in ZrSiSe and ZrSiTe [J]. Physical Review Letters, 2016, 117 (1): 016602.

[171] SCHERER M M, HONERKAMP C, RUDENKO A N, et al. Excitonic instability and unconventional pairing in the nodal-line materials ZrSiS and ZrSiSe [J]. Physical Review B, 2018, 98 (24): 241112.

[172] ZHU Z, CHANG T R, HUANG C Y, et al. Quasiparticle interference and nonsymmorphic effect on a floating band surface state of ZrSiSe [J]. Nature Communications, 2018, 9 (8): 4153.

[173] CHEN F C, FEI Y, LI S J, et al. Temperature-induced Lifshitz transition and possible excitonic instability in ZrSiSe [J]. Physical Review Letters, 2020, 124 (23): 236601.

[174] XU Q N, SONG Z D, NIE S M, et al. Two-dimensional oxide topological insulator with iron-pnictide superconductor LiFeAs structure [J]. Physical Review B, 2015, 92 (20): 205310.

[175] RENDY B, HASDEO E H. Strain effects on band structure and Dirac nodal-line morphology of ZrSiSe [J]. J Appl Phys, 2021, 129 (1): 14306.

[176] LARSON A C, Von Dreele R B. General structure analysis system (GSAS), Los Alamos National Laboratory Report LAUR, 1994, 1: 86-748.

[177] PASHKIN A, DRESSEL M, KUNTSCHER C A. Pressure-induced deconfinement of the charge transport in the quasi-one-dimensional Mott insulator $(TMTTF)_2AsF_6$ [J]. Physical Review B, 2006, 74 (16): 165118.

[178] TANG X D, FANG D D, PENG K L, et al. Dopant induced impurity bands and carrier concentration control for thermoelectric enhancement in p-type $Cr_2Ge_2Te_6$ [J]. Chem Mat, 2017, 29 (17): 7401-7407.

[179] SUBRAMANIAN N, CHANDRA SHEKAR N V, SAHU P C, et al. Crystal structure of the high-pressure phase of BaFCl [J]. Physical Review B, 1998, 58 (2): R555-558.

[180] CHEN Y Z, XI X X, YIM W L, et al. High-pressure phase transitions and structures of topological insulator BiTeI [J]. J Phys Chem C, 2013, 117 (48): 25677-25683.

[181] WANG Y C, LV J, ZHU L, et al. CALYPSO: A method for crystal structure prediction [J]. Comput Phys Commun, 2012, 183 (10): 2063-2070.

[182] KROTTENMULLER M, VOST M, UNGLERT N, et al. Indications for Lifshitz transitions in the nodal-line semimetal ZrSiTe induced by interlayer interaction [J]. PHYSICAL REVIEW B, 2020, 101 (8): 081108.

[183] KE F, DONG H, CHEN Y, et al. Decompression-driven superconductivity enhancement in

In_2Se_3 [J]. Advanced Materials, 2017, 29 (34): 1701983.

[184] EBAD-ALLAH J, AFONSO J F, KROTTENMULLER M, et al. Chemical pressure effect on the optical conductivity of the nodal-line semimetals ZrSiY (Y=S, Se, Te) and ZrGeY (Y=S, Te) [J]. Physical Review B, 2019, 99 (12): 125154.

[185] HELL M G, EHLEN N, SENKOVSKIY B V, et al. Resonance Raman spectrum of doped epitaxial graphene at the Lifshitz transition [J]. Nano Letters, 2018, 18 (9): 6045-6056.

[186] CRASSEE I, MARTINO E, HOMES C C, et al. Non-uniform carrier density in Cd_3As_2 evidenced by optical spectroscopy [J]. Physical Review B, 2018, 97 (12): 125204.

[187] POLIAN A, GAUTHIER M, SOUZA S M, et al. Two-dimensional pressure-induced electronic topological transition in Bi_2Te_3 [J]. Physical Review B, 2011, 83 (11): 113106.

[188] OINUMA H, SOUMA S, TAKANE D, et al. Three-dimensional band structure of LaSb and CeSb: Absence of band inversion [J]. Physical Review B, 2017, 96 (4): 041120.

[189] Lifshitz I M. Anomalies of electron characteristics of a metal in the high pressure region [J]. Soviet Physics JETP, 1960, 11 (5): 1130-1135.

[190] GUPTA S N, SINGH A, PAL K, et al. Pressure-induced Lifshitz and structural transitions in NbAs and TaAs: experiments and theory [J]. Journal of Physics: Condensed Matter, 2018, 30 (18): 185401.

[191] BERA A, SINGH A, MUTHU D V S, et al. Pressure-dependent semiconductor to semimetal and Lifshitz transitions in 2H-$MoTe_2$: Raman and first-principles studies [J]. Journal of Physics: Condensed Matter, 2017, 29 (10): 105403.

[192] VILAPLANA R, SANTAMARIA-PEREZ D, GOMIS O, et al. Structural and vibrational study of Bi_2Se_3 under high pressure [J]. Physical Review B, 2011, 84 (18): 184110.

[193] XU G, WENG H M, WANG Z J, et al. Chern semimetal and the quantized anomalous Hall effect in $HgCr_2Se_4$ [J]. Physical Review Letters, 2011, 107 (18): 186806.

[194] YAN Z B, HUANG P W, WANG Z. Collective modes in nodal line semimetals [J]. Physical Review B, 2016, 93 (8): 85138.

[195] SOUTHWORTH D R, CRAIGHEAD H G, PARPIA J M. Pressure dependent resonant frequency of micromechanical drumhead resonators [J]. Applied Physics Letters, 2009, 94 (21): 213506.

[196] ZHANG X, LUO T, HU X, et al. Superconductivity and Fermi surface anisotropy in transition metal dichalcogenide $NbTe_2$ [J]. Chinese Physics Letters, 2019, 36 (5): 057402.

[197] CHANG G, XU S Y, HUANG S M, et al. Nexus fermions in topological symmorphic crystalline metals [J]. Scientific Reports, 2017, 7 (1): 1688.

[198] BALIAN R, WERTHAMER N R. Superconductivity with Pairs in a relative p wave [J]. Physical Review, 1963, 131 (4): 1553-1564.

[199] CHANG T R, CHEN P J, BIAN G, et al. Topological Dirac surface states and superconducting pairing correlations in $PbTaSe_2$ [J]. Physical Review B, 2016, 93 (24): 245130.

[200] FLETCHER J D, SERAFIN A, MALONE L, et al. Evidence for a Nodal-line superconducting state in LaFePO [J]. Physical Review Letters, 2009, 102 (14): 147001.

[201] CHENG E, XIA W, SHI X, et al. Pressure-induced superconductivity and topological phase transitions in the topological nodal-line semimetal $SrAs_3$ [J]. npj Quantum Materials, 2020, 5 (1): 38.

[202] SIGLER A, MALOMED B A. Solitary pulses in linearly coupled cubic-quintic Ginzburg-Landau equations [J]. Physica D: Nonlinear Phenomena, 2005, 212 (3): 305-316.

[203] SMIDMAN M, SALAMON M B, YUAN H Q, et al. Superconductivity and spin-orbit coupling in non-centrosymmetric materials: a review [J]. Rep Prog Phys, 2017, 80 (3): 36501.

[204] WANG M X, XU Y, HE L P, et al. Nodeless superconducting gaps in noncentrosymmetric superconductor $PbTaSe_2$ with topological bulk nodal lines [J]. Physical Review B, 2016, 93 (2): 20503.

[205] YIP S. Noncentrosymmetric Superconductors [J]. Annual Review of Condensed Matter Physics, 2014, 5: 15-33.

[206] GUAN S Y, CHEN P J, CHU M W, et al. Superconducting topological surface states in the noncentrosymmetric bulk superconductor $PbTaSe_2$ [J]. Science Advances, 2016, 2 (11): 1600894.

[207] LEE H S, MIN S W, CHANG Y G, et al. MoS_2 Nanosheet phototransistors with thickness-modulated optical energy gap [J]. Nano Letters, 2012, 12 (7): 3695-3700.

[208] HEGGER H, PETROVIC C, MOSHOPOULOU E G, et al. Pressure-induced superconductivity in quasi-2D $CeRhIn_5$ [J]. Physical Review Letters, 2000, 84 (21): 4986-4989.

[209] ZENG H L, DAI J F, YAO W, et al. Valley polarization in MoS_2 monolayers by optical pumping [J]. Nature Nanotechnology, 2012, 7 (8): 490-493.

[210] JI H, STOKES R A, ALEGRIA L D, et al. A ferromagnetic insulating substrate for the epitaxial growth of topological insulators [J]. Journal of Applied Physics, 2013, 114 (11): 114907.

[211] YANG D F, YAO W, CHEN Q F, et al. $Cr_2Ge_2Te_6$: High thermoelectric performance from layered structure with high symmetry [J]. Chemistry of Materials, 2016, 28 (6): 1611-1615.

[212] ALEGRIA L D, JI H, YAO N, et al. Large anomalous Hall effect in ferromagnetic insulator-topological insulator heterostructures [J]. Applied Physics Letters, 2014, 105 (5): 053512.

[213] TIAN Y, GRAY M J, JI H W, et al. Magneto-elastic coupling in a potential ferromagnetic 2D atomic crystal [J]. 2D Materials, 2016, 3 (2): 025035.

[214] LIN Z S, LOHMANN M, ALI Z A, et al. Pressure-induced spin reorientation transition in layered ferromagnetic insulator $Cr_2Ge_2Te_6$ [J]. Physical Review Materials, 2018, 2 (5): 051004 (R).

[215] CHI Z, CHEN X, YEN F, et al. Superconductivity in pristine 2Ha-MoS_2 at ultrahigh pressure [J]. Physical Review Letters, 2018, 120 (3): 037002.

[216] SHEN P, MA X, GUAN Z, et al. Linear tunability of the band gap and two-dimensional (2D) to three-dimensional (3D) isostructural transition in WSe_2 under high pressure [J]. The Journal of Physical Chemistry C, 2017, 121 (46): 26019-26026.

[217] ZHANG H F, GUAN Z, CHENG B Y, et al. Optical properties and structural phase transitions of W-doped VO_2 (R) under pressure [J]. Rsc Advances, 2017, 7 (50): 31597-31602.

[218] CHENG B Y, LI Q J, ZHANG H F, et al. Pressure-induced metallization and amorphization in VO_2 (A) nanorods [J]. Physical Review B, 2016, 93 (18): 184109.

[219] GREENBERG E, HEN B, LAYEK S, et al. Superconductivity in multiple phases of compressed $GeSb_2Te_4$ [J]. Physical Review B, 2017, 95 (6): 064514.

[220] YU Z, XIA W, XU K, et al. Pressure-induced structural phase transition and a special amorphization phase of two-dimensional ferromagnetic semiconductor $Cr_2Ge_2Te_6$ [J]. The Journal of Physical Chemistry C, 2019, 123 (22): 13885-13891.

[221] WANG P, WANG Y G, QU J Y, et al. Pressure-induced structural and electronic transitions, metallization, and enhanced visible-light responsiveness in layered rhenium disulphide [J]. Physical Review B, 2018, 97 (23): 235202.

[222] PERDEW J P, LEVY M. Physical content of the exact Kohn-Sham orbital energies: Band gaps and derivative discontinuities [J]. Physical Review Letters, 1983, 51 (20): 1884-1887.

[223] ZHANG W, THIESS A, ZALDEN P, et al. Role of vacancies in metal-insulator transitions of crystalline phase-change materials [J]. Nature Materials, 2012, 11 (11): 952-956.

[224] BHATTACHARYYA S, SINGH A K. Semiconductor-metal transition in semiconducting bilayer sheets of transition-metal dichalcogenides [J]. Physical Review B, 2012, 86 (7): 75454.

[225] TODO S, TAKESHITA N, KANEHARA T, et al. Metallization of magnetite (Fe_3O_4) under high pressure [J]. Journal of Applied Physics, 2001, 89 (11): 7347-7349.

[226] SHEBANOVA O N, LAZOR P. Vibrational modeling of the thermodynamic properties of magnetite (Fe_3O_4) at high pressure from Raman spectroscopic study [J]. The Journal of Chemical Physics, 2003, 119 (12): 6100-6110.